U0299541

重复
做对的事

[美] 蒂芙妮·艾莉希 → 著
（Tiffany Aliche）

康家欣 → 译

Get Good with Money
Ten Simple Steps to Becoming Financially Whole

中信出版集团｜北京

图书在版编目（CIP）数据

　　重复做对的事 /（美）蒂芙妮·艾莉希著；康家欣译 . -- 北京：中信出版社，2023.1
　　书名原文：Get Good with Money: Ten Simple Steps to Becoming Financially Whole
　　ISBN 978-7-5217-4955-7

　　Ⅰ.①重… Ⅱ.①蒂… ②康… Ⅲ.①财务管理－通俗读物 Ⅳ.① TS976.15-49

　　中国版本图书馆 CIP 数据核字（2022）第 221209 号

重复做对的事

著者：　　　[美] 蒂芙妮·艾莉希
译者：　　　康家欣
出版发行：中信出版集团股份有限公司
　　　　　（北京市朝阳区惠新东街甲 4 号富盛大厦 2 座　邮编　100029）
承印者：　北京诚信伟业印刷有限公司

开本：787mm×1092mm 1/16　　　印张：23　　　　　字数：211 千字
版次：2023 年 1 月第 1 版　　　　 印次：2023 年 1 月第 1 次印刷
京权图字：01–2020–6184　　　　　 书号：ISBN 978–7–5217–4955–7
　　　　　　　　　　　 定价：88.00 元

我要感谢我的父母，谢谢你们一直以来的严格要求。

　　我要感谢我的姐妹们，你们是我最好的朋友，也是最支持我的人。

　　我要感谢我的"追梦人"，我终于写完了！这本书是我写给你们的情书，我希望它能像一道光，引领你们前行，并照亮黑暗的地方，助你们拥有更富足的人生。谢谢你们，你们给了我灵感，让我能够找到办法，并快乐地与你们分享。

前言

"我搞砸了，是的，这次我真的搞砸了。"

大约 10 年前，我瘫坐在自己的公寓里，一边哭一边收拾家当，脑海里一遍遍地重复这句话。因为一些原因，我还不上公寓贷款了，不得不马上搬出去。

当时是 2009 年，正值经济大萧条。经济萧条就像是一个可怕的怪物，潜伏在各个角落，大家都在谈论它，我有几位朋友还因此失去了工作。我本以为自己可以高枕无忧，因为我是一名幼儿园教师，而教师工作应该是不受经济萧条影响的，对吧？

遗憾的是，我所在的学校是非营利性的，而一直为我们提供资金的企业无力继续了。3 天前，我得知我和学校的其他所有员工都失业了。学校只提供 9 个月的工资，所以我总是提前计划，用 9 个月的工资支撑一整年的花费，在暑假的几个月靠存款生活。当时我也是这样安排的，根本没想到自己会失业。这是我付不起贷款的一个重要原因，所以要匆忙搬走。

我要先暂停一下，我讲得太快了。其实在我崩溃之前，发生了太多的事情，那我就从头讲起吧。此处要播放戏剧化的梦幻音乐……

我的父母非常了不起，他们在尼日利亚的小乡村里出生并长大。我的父亲先来美国，当时的他虽囊中羞涩，但他梦想赚多多的钱。之后，他把我的母亲也带到了美国。年轻时母亲与他是邻村，也是他的一生挚爱。他们工作努力、严于律己且极度敬业，正因为如此，我的父亲取得了经济学学士学位和金融工商管理硕士学位，我的母亲则取得了护理学学士学位和硕士学位，两个人都拥有体面的工作（现在都已退休），还培养了5个优秀的、接受过高等教育的女儿，我排行老二，也最淘气。

我的父母非常善于将财务知识融入我们的日常活动中。我举个典型的例子。1986年7月，我们住在新泽西州罗塞尔镇。我当时6岁，每天满脑子都是骑自行车、出去玩和吃冰激凌，全是6岁小孩的"正事"。但当时我有3个姐妹，其中2个也喜欢吃冰激凌，如果我们每天都去冰激凌车消费的话，那对我父母来说可是一笔不小的支出。因此，我的父母想出了一种独特的方法，让我和我的姐妹们既能在经济上负起责任，也能享有冰激凌——每个人每周都有自己的冰激凌日，在冰激凌车来的时候能要1美元去买，其他人可以吃冰箱里那些在商店买的便宜冰激凌。

我还记得属于我的一个特别的冰激凌日。当时，我已经听到冰激凌车特有的铃声，便飞速跑回家要钱。

"爸爸！"我激动地喊道，"卖冰激凌的来了，今天该我买了！"

父亲有点严肃地说："奥多奇（我的尼日利亚名字），收水费的人刚把你的1美元拿走了。"

6岁的我一下子慌了。报警了吗？有人在抢劫中受伤吗？如果不是抢劫，那收水费的人跟冰激凌有什么关系，车可是越来越近了呀？

我想你应该和当时的我一样困惑，那我就跟大家解释一下这件事的来龙去脉。6岁的我很爱玩水。不管在哪个房间，我总是喜欢把家里所有的水龙头都打开，沉醉于哗哗的水声。可想而知，我的父母并不喜欢我这个习惯，因为他们要付水费，而且他们有明确的预算。因此，我的父亲接下来才会这么说："奥多奇，你每次打开水龙头，我们都要付钱，所以收水费的人来的时候，我只好把你今天的冰激凌钱给他了。"

接下来发生了什么，我记不太清了。很明显，这件事给我造成了"重创"，我将这段记忆选择性遗忘了。据目击者（我的姐妹们）说，我大发脾气，在地上打滚儿。当晚，我哭着进入了梦乡，心里觉得这实在太不公平了。

第二天早上，父亲让我坐下来，第一次跟我认真明确地谈了谈钱的事。我明白了各种东西是要花钱买的，而且我所做的决定会直接影响我的生活质量，也就是说，每个财务决定都很重要。每个人都要权衡自己的眼前欲望和长远目标。当下的问题是，你会选择水还是冰激凌？

我认为自己已经牢牢记住了这次惨痛的教训，所以到26岁的时候，我实现了收支平衡，经常能够理智地做财务决策，我对此颇感自豪。毕竟，我在教师岗位年薪只有3.9万美元的情况下，在不到3年的时间里就存了4万美元。信用分满分850，我的是802分，这可是优秀级！在此前一年，25岁的我买了前面提到的公寓。

听起来是不是美好得令人难以置信？确实如此。

做好心理准备，等下你就要大吃一惊了。

我被骗了

我在 2007 年的存款已经达到了前面提到的数额，可以说，我当时觉得自己处于经济上最为稳健的状态。我对自己的理财能力信心满满，所以决定投资，而不是只为退休生活存钱。投资是更为复杂的事情，我本应去请教我父亲这个理财专家的，但我没有，而是去找了另外一个有钱人，让他教我赚钱。就叫他"小偷杰克"吧，大家很快就会明白我为什么这么称呼他。小偷杰克有一辆豪车，在纽约市有一套顶层公寓，而且看起来手头从不缺钱。20 多岁的我根本不知道，有些人虽然穿金戴银，但那些东西可能并不属于他。

我向小偷杰克求助，请他帮我投资。在此之前，我没有信用卡债务，而他说，最好的投资是用别人的钱投资，所以他建议我去办新的信用卡，预支现金，用信用卡公司的钱来积累自己的财富。

小偷杰克在欧洲拥有几家店铺，他的计划是用我预支的钱购买热门的美国品牌产品，然后运到他的店铺去。我们是签了合同的，所以我安慰自己，我并不是愚蠢透顶。小偷杰克声称，只要我投资 2 万美元，未来两年每周我都可以拿到 2 000 美元。在当时的我听来，他的计划挺靠谱，因为他看起来总是财大气粗的样子，我从来没有怀疑过他的钱是从哪里来的，或者他是怎么管理自己的钱的。

对！没错！我肯定是疯了。但事实上，当时的我急于帮助父母退休，所以才被蒙蔽了双眼。我的父母为了让我们姐妹五人上大学，做了很多牺牲。我想用这 2 万美元投资的收益助他们早日退休。而小偷杰克深知这一点，他利用了我的孝心，当然了，也利用了我的无知。

说实话，在此之前，我连可以用信用卡花钱都不知道，也不知道预支现金最是危险，还不如去找附近放高利贷的人借钱。支付那么高的信用卡利息无异于往窗外撒钱，踩上一脚，再开车碾过去，然后听天由命，等待最坏的结果。总之，用信用卡预支现金真不是什么好事。

好的，接下来就是我说的你会大吃一惊的时刻了。我接受了小偷杰克的建议，去银行用我新申请的信用卡预支了 2 万美元现金。我记得银行的员工很友好，他们有点担心我，让我在那儿待了差不多一个小时，问我各种问题，确保我这么做是出于自愿。这本应是明确的危险信号，但我忽略了，因为我太激动了，我可要赚大钱了！我当时对此深信不疑。最终，我从银行拿到了钱，然后老老实实地把钱给了小偷杰克。

■ 此刻，我要停下来对20多岁的自己大喊：为什么要给他？！不要！

好的，我继续讲。接下来简直是雪上加霜，是的，情况变得更糟了。显然，那周经历一次骗局还不够，因为我决定利用新办的信用卡进一步"投资"自己。我一直想创业，而我最喜欢的一位财经作家正好在网上宣传一个叫"如何创业"的指导和培训课程，限时低价，仅收……1.5 万美元。我竟然觉得很值！

我当时是这么想的：小偷杰克每周会给我 2 000 美元，那我很快就有钱了，我不仅可以缓解父母的压力，还能在几个月内还清这1.5 万美元。之后，我每周还会继续入账 2 000 美元，可以用来维持我在学完课程后创立的生意，而这份生意也能让我更好地为父母养老。

然而，现实情况是，在不到 1 周的时间里，我的信用卡债务从 0 增加到了 3.5 万美元。唉！我的父母、家人和朋友对此都毫不知情。

大家可能会问，我买的培训课程合法吗，有用吗？在某种程度上，确实有用，但不值 1.5 万美元，不过它浇灌了我内心根植已久的那颗预算天后（The Budgetnista）的种子。

我在这么短的时间里遭受了这么严重的经济损失，大家也一定深感震惊，但先缓一缓吧，因为情况在好转前还会变得更糟。

正如你们所料，小偷杰克卷走了我的钱，从此杳无音信。我们确实签了合同，但我找不到他。情况急转直下。之后近两年的时间里，我拒绝为自己的选择承担经济责任，因为我认为一切都是小偷杰克的错，不是我的错。我非常擅长按照预算生活，也很能存钱，如果我勒紧腰带，是可以在一两年内用教师工资还清债务的，但是我一直在寻找小偷杰克，只还了信用卡的最低还款额。

我到 29 岁的时候才终于接受这个事实：小偷杰克和我的钱真的都不见了。

所以才会有开头的那一幕——我瘫坐在公寓里大哭，一遍遍地说自己搞砸了。我确实搞砸了。

当时，我背着 5.2 万美元的学生贷款、22 万美元的抵押贷款和 3.5 万美元新增的信用卡债务。我为暑假准备的存款快花完了，而且我热爱了 10 年的工作也没了。我准备搬回去跟父母一起住，尽管他们还毫不知情。祸不单行的是，我跟交往了 7 年的男朋友分手了。可以说，我当时的经济状况和感情状况都一团糟。

但后来情况好转了，对吧？是的，不过还没到时候。很不幸，当时还不是我的最低谷，不过很快就是了！

我的一个朋友同意以每月 1 500 美元的价格租下我的公寓，这样我再凑 160 美元就能交上抵押贷款，我也因此度过了快乐的一两周。一想到贷款的大头有了着落，我太激动了，竟然又忽略了一些危险信号。很明显，我这个人对危险信号太不敏感了。我朋友搬来的那天，说她拿不出第一个月的房租押金。她解释说，她之前的房东还没有退还她的押金。她是我的朋友，所以我想她肯定能交上房租，就让她搬进来了。倒霉的是，在将近一年的时间里，她每个月都拖欠房租。所以我虽然没有住在公寓里，还是花掉了剩下的积蓄，甚至把退休账户里的钱都取了出来，只为了还上抵押贷款——因为我不知道怎么把她赶出去。

总结来说，我有一套公寓，我自己不住了，虽然租出去了，但是租客很麻烦；我债务缠身；我没有工作也没有积蓄，只能住在父母家里；我的父母虽然人很好，但管得超级严，我已经快30岁了，还有宵禁；我高中的卧室在地下室，但现在归我的小妹丽莎了，我只好住进我母亲的第二个衣帽间兼客房，里面放着我中学时期的床；哦，还有，我仍然单身，真是"惊喜"连连。

就这样又过了两年。我不出门，也不联系朋友，我的钱花完后，要账的开始催债了，我干脆也不接电话了。最终，银行要取消我公寓的赎回权。

这里插播一下小偷杰克的近况。最近，我在谷歌上搜了下他的名字，发现我并不是最后一名受害者。他因身份盗窃和其他多种罪行正在监狱服刑，他试图利用美国公民身份伪造护照，因而受到联邦政府起诉。这可真是因果报应啊。

预算天后的诞生

我有一个好朋友叫琳达。我和琳达从小就认识了。

我的父母从尼日利亚移民过来后，认识了其他尼日利亚夫妇，形成了一个社群。琳达的母亲和我的父母都是在新国家追逐新梦想的年轻人，所以很快便成为好朋友。

当琳达终于联系上我时，我正处于上述的人生低谷。之前的几个月，我一直在躲着她。在我的朋友们看来，我一直是那个在经济上井井有条的人，很会理财是我的一大标签。现在的我，财务状况一团糟，我自己都快不认识自己了，实在是羞于见人。

我们在电话上聊起来时，我假装一切正常，但我很快就绷不住了，哭了起来。我对她和盘托出，包括我失业的情况、小偷杰克的信用卡骗局、我买的课程、烦人的租客、房子将会被银行收走、我欠的学生贷款以及我花光了存款和退休账户里的钱。她听完后的反应让我很意外。

琳达笑着说："就这？我还以为你犯罪了呢。蒂芙妮，大家的财务状况都不顺，但这并不意味着你是个坏人，这样才显得你很真实。"

她接着解释说："我们大多数朋友的财务状况都很糟糕，大家都在想办法解决问题。"她让我认识到我这一系列失误是正常的，我也能原谅自己了。当我放下羞耻感，不再纠结于错误的财务决定，我便能专注于解决问题了。我认识到我是完全有能力摆脱这种困境的。首先，我把自己从小到大一直在学习的策略写了下来，包括如何制作预算、如何存钱、如何摆脱债务以及如何管理自己的信用。这些我一直都会，但我在过得不顺利的时候，暂时把它们忘记了。

我开始解决自己的财务问题，也有所进展，我的朋友们听说后便来向我求助。琳达说得没错，他们也因为经济拮据和错误的财务决定而举步维艰。很快，我开始帮助我的这些朋友，然后这些朋友的朋友知道了，也来找我帮忙。不知不觉间，我每周末都要花点时间，帮其他人制订计划，解决他们的财务问题。

俗话说，"教人一次就是再学一次"，我就是这样。我教别人的越多，自己学到的也越多。我学到的越多，能教给别人的也越多。多帮助一个人就会多遇到一份挑战，在帮助他们的过程中，我也找到了办法去解决现实中的新难题。在那两年中，我无偿地付出自己的时间，帮助了数百人，同时还要当保姆、领取失业救济金、把我的公寓租给一名更靠谱的新房客、四处打零工来维持生活。我的小妹（其实没有很小）丽莎开始叫我"预算天后"。我挺喜欢这个称呼的，所以就决定，如果我能把免费的财务指导发展成一门生意，我就要起这个名字。没想到这个想法很快就成真了。

我的志愿工作引起了当地联合劝募会^①的注意，他们请我在社区开设一门课程，来教授一系列的财务知识。我的生意就这样开张了，这可是我的第一单业务！我重回教室，但这一次，我面对的不是 15 个大喊大叫的三四岁孩子，而是成年人，我要帮他们拥有和保持良好的财务状况。

我在联合劝募会的第一批学生大约有 10 人，但经过朋友们口口相传和社交媒体传播，开始有外市甚至是外州的人申请上我的课，这是我始料未及的。我没想到有这么多人需要帮助。

遗憾的是，有些人不能来我所在的新泽西州纽瓦克上课，所以我就创建了线上版本的联合劝募会课程，我称之为"富足人生挑战"（Live Richer Challenge）。我给自己设定了一个目标，那就是让

① 联合劝募会是指通过专门负责募款的机构，有效地集结社会资源，通过专业负责的方式将资源按需分配给合格的公益组织，并且代替捐赠人监督善款的使用情况，以便公益组织专心开展工作、服务社会。——译者注

1万名女性参与该挑战。我花了一年时间才实现这个目标，最终的结果和反响都十分喜人，我便开始每年都发起这一挑战。我达成了帮助他人实现梦想的目标，所以我将最初的这1万人称为我的"追梦人"（Dream Catcher）。

开启财务完整的富足人生

自发起以来，"富足人生挑战"已帮助100多万名追梦人，他们不断存钱，偿还了总计数亿美元的债务，购买了数千套住房；他们去投资，去度假，付清了大学贷款，开始创业，提高了自己的信用分数。他们成为追梦人，学会了理财，过上了更富足的生活！

但我要说清楚的是，不管是尝试恢复良好的财务状况还是努力开始拥有良好的财务状况，要想学会理财，都必须要掌握基本财务知识，这个过程没有捷径。我们的目的不是一夜暴富，或者退休后能在摩纳哥海边的私人游艇上享受生活，而是拥有"财务完整性"。我会在后面进一步解释这个概念，但现在大家需要知道的是，财务完整意味着你在财务生活的10个基本方面均有条不紊，你清醒地知道自己当前所处的位置，也明白距离自己最"疯狂"的梦想还有多远。不管你现在的收入、存款、债务或信用分数如何，你都可以实现财务完整！即便你现在处于财务困境，即便你失去了工作，被高超的骗子骗得债台高筑，你也能像我一样，善用金钱，拥有财务完整的人生。相信我，我就是最好的例子！

你也可以这么理解财务完整性：它能帮你成为金钱的主人，保持良好的财务状况。这既是一个旅程，也是我们要到达的目的地。而这本书就是路线图，引导你一路前行。我们出发吧。

接下来，我们将按照财务完整性的等级展开，每章分为三个部分：计划、行动和回顾。

计划，相当于章节概述，让你大致了解每个章节的总体目标。

行动，就是你熟练掌握各章节内容需要采取的步骤。为确保每一步都富有成效，在每项行动的最后，你还要完成一项任务。

回顾，就是简洁快速地概述刚刚读过的内容。另外，我可能会创造一些加分的机会！

我还创建了一个"工具包"（get good with money tool kit），你可以从中轻松获取我在本书中分享的资源。这是个免费的、可下载工具包，其中包括前面提到的网站、文件、电子表格和测验。你可以访问 www.getgoodwithmoney.com 网站即时获取最新版本的资源。

本书中的一些信息和建议来自我信赖的顾问，我已整理在"预算天后建议"部分。如果说我是在为大家烤蛋糕，那么这些信息就是在蛋糕上多加一层糖霜。我能想到这个比喻，很可能跟我当幼儿园教师的经历有关系，因为那时候总有人在为课堂派对烤纸杯蛋糕！

如果说幼儿园教师工作还给我留下了什么记忆，那就是我经常对孩子们说："我在地毯上等着你们。"这种时候，我一般是在教室里的彩色地毯上，这样说之后，孩子们就知道我会在那里等着他们。我的工作是帮助他们，为他们创造一个愉悦和自由的空间，让他们对学习充满热情，并积极参与。而这本书就像地毯一样，它提供了一个安全的空间，在这里，你可以放飞自己的梦想，打开新的大门，并激发自己的潜能。

很高兴与你相遇！让我们开始这个旅程吧。

目录

第一章

完整财务系统

收获富足人生

创业 7 年后，我一个月的收入比幼儿园教书一年的收入还高。我有足够的钱维持生活，并且走出了财务困境。我还清了小偷杰克给我带来的信用卡债务和高昂的商业课程费用（如果你想回顾我的这段经历，请见前言部分），共 3.5 万美元，也还清了 5.2 万美元的学生贷款。还清债务后，我把差不多 70% 的收入都存了起来，并用现金买了一辆车，虽然是二手车，但是检验合格，对我来说就是新车。我还买了新房子，这栋房子是法拍房，所以价格远低于正常市场价格，但对我来说仍是一大笔支出：18 万美元。我甚至还清了我父母房贷剩下的 12 万美元。所以在大多数人看来，我真的是财源滚滚！

　　虽然一切都很顺利，我却比当老师时更担惊受怕。当老师的时候，赚的钱要少得多，但是我从来没有担心过如何处理我的钱。那我为什么执着于零债务和未雨绸缪地存钱呢？简单来说，我在经济萧条期间失去了一切，这给我造成了心理创伤，导致我一直处于一种财务恐惧状态。

　　我这种财务恐惧状态是由真实发生过的事情引发的（虽然我本

可以更好地处理这些事情），所以我理所当然地认为自己会再次财务崩溃，但其实只是害怕自己会重蹈覆辙。许多人（包括从前的我）也会偶尔感到财务恐惧，但仅仅是因为担心会发生金融危机，这是可以理解的。如果说 2020 年的全球新冠肺炎疫情教会了我们什么，那就是：未知和不可预测的事情确实会发生，而工作、收入和稳定生活确实会凭"空"① 消失！

但是，如果你能跟着我学习并获得了财务完整性，那你就不必生活在财务恐惧中。因为你制订了全面的财务计划，你财务生活的各部分井然有序，不受你的生活状态影响，也与你的收入水平无关。不管你收入高低和就业状况如何，不管你拿最低工资还是百万富翁，你都可以也应该积极努力，拥有财务完整性，这其中的原则适用于所有人。拥有财务完整性，你拥有的不仅是部分稳定的财务生活，而是整体稳定的财务生活。这样，你不仅能够顺利度过经济拮据时期，有时甚至还能逆势而上。

完整财务系统带来真正的自由

许多财务顾问所鼓吹的，要么是财务自由多美好，要么是让你不再工作便有足够的钱维持自己的生活，听起来不错，是吧？但我的亲身经历充分证明，这种自由并不是真正的自由。在经济拮据之后，我重整旗鼓，开始创业，赚了更多的钱，但我的财务状态并不如当老师的时候好。为什么呢？因为在当老师的时候，我有储蓄策略、还债计划、良好的信用分数和充足的保险，也确定了身故后如

---

① 指空气中的病毒。——译者注

何处置财产（给我的姐妹们）。我有一个退休账户，每年自动向该账户转入最高比例的金额。我还有一个应急储蓄账户，而且有多个收入来源，包括做教师、做保姆和做家教。

实现经济自由后，我有大量的现金，但我还没有建立其他重要的财务支柱，因此，我仍缺乏安全感。我没有根据新的生活方式调整我的保险，也没有根据新的生活水平制订明确的退休计划；我没有新的购房计划，除了存钱也没有其他增加和维持财富的方式；而且我仍然不知道如何获取专业的财务建议。我虽然有收入，但是我的恐惧导致我无法去投资，去创造更大的财富，所以我实际上是在亏钱的。说真的，我曾经考虑雇一位财务规划师，但此人嘲笑我在银行存了那么多钱，而退休账户里空空如也。

我当老师的时候虽然不是百万富翁，但我充分利用了自己的收入，而且制订了全面的财务计划。也就是说，我觉得自己在幼儿园教书每年挣 3.9 万美元的时候比创业后每月赚 3.9 万美元更有安全感。这充分证明，要打下坚实的财务基础，所需的成本远低于你的想象，而财富也不仅仅指银行里的存款！

建立完整财务系统的 10 个步骤

我虽然已经很多年没有在学校教书了，但我仍然会从课程安排的角度去思考问题，本书的设置也是如此。这本书中包括 10 节课，分别代表完整财务系统所包括的 10 个方面。如果你把这 10 个方面的工作做到位，你就能打下坚实的财务基础，稳稳地应对各种冲击。

当你财务生活的各方面都协调一致，你就实现了财务完整，你将获得最好的结果、最大的利益和最富足的生活。

在下文中，我们将一步一步地详细学习，但我们先来总体了解一下这 10 个步骤。

1. 编制预算。学习如何制作个人预算并实现预算半自动化（自动转账、自动支付账单等），开设必要的活期账户和储蓄账户来支持预算。

2. 积极储蓄。确定满足家庭 3 个月基本支出的最低存款目标金额，然后计算用于应急和投资的储蓄金额。学习如何确定不同需求的轻重缓急程度以及如何向储蓄账户自动转账。

3. 摆脱债务。列出自己的债务详情（所欠金额、利率、到期日等），以明确自己的债主和欠款金额。然后选择一种债务偿还策略，并使用银行的在线账单支付服务自动还款。

4. 提高信用分数。获取免费的 FICO^① 评分报告，了解自己的信用分数。列出影响你分数的因素，然后制订行动计划，将分数提高到 740 分或更高。

5. 赚钱增收。列出过去几年你在工作中贡献的价值，以此要求加薪。列出你所做的工作、你的教育背景和你当前的技能，研究可以开展的副业。制订行动计划，列出接下来为增收要做的事情。

6. 为退休和财富目标投资。确定你的退休和财富目标，制订并实施投资计划，可以借助人力资源代理、注册财务规划师或在线工具的帮助，也可以自主完成。坚持投资，学会放手，等待财富

---

① FICO 代表 Fair Isaac Corporation，是指美国费尔艾萨克信用评级公司，该公司在 20 世纪 50 年代后期就开始了个人贷款信用评级工作，其所开发的评级法已得到社会的广泛接受，并成为评估信用风险时使用的可靠工具之一。信用分数范围为 300 ~ 850 分。分数越高，说明客户的信用风险越小。——译者注

增值。

7. 合理投保。参保合适的险种，了解和计算自己对医疗险、寿险、伤残险、财产与意外伤害险（如房屋险和车险）等的需求。

8. 增加资产净值。学习如何计算你的资产净值（资产减去负债）以及如何实现、增加和保持正净值。确定资产净值目标，以及为实现目标每月要采取的行动。

9. 打造专业财务团队。寻找可靠和值得信赖的财务专业人士（注册财务规划师、保险经纪人、遗产规划律师、注册会计师等），并确定责任伙伴。

10. 遗产规划。制订身后遗产（现金、房产、珠宝和其他资产）处置计划。不管你的银行存款和投资组合（投资、房产、股票、债券等）规模大小，这一点都很重要。

这听起来都很容易，对吧？你可能觉得内容太多了，但这可是我专门设计的步骤，来帮助你打造你想要的财务人生！

前5个步骤为基本内容，目的是帮你建立财务稳定性，打好基础。要打好基础，关键是要熟悉预算制作、储蓄、债务管理、信用分数管理和增收等内容，熟悉到得心应手的地步，这样你才能分配更多精力于后5个步骤上。

第6步到第10步讲的是增加和保护财富，目的是循序渐进地让你学习投资、调整保险、增加资产净值、寻求专业帮助以及保护你的遗产。

所以，你现在看到的就相当于一张路线图，能够指引着你走向财务完整的人生，创造美好的未来！（开心地抖抖肩）现在一切就绪，方向已定，我将带着大家一路走下去，一起实现财务完整。出发喽！

调整好心态

现在大家已经知道了，我们要学习的内容非常广泛，你们应该也迫不及待了。但是，我在教师生涯中学到的另一件重要事情是，只有心态开放，做好接收信息的准备，你才能取得最好的学习效果。因此，在开始学习实现财务完整的步骤之前，我还要谈非常重要的一点，那就是要了解自己的金钱观。

下面有 5 个练习（放心，不是体育锻炼），大家可以借此分析一下自己当前对金钱的态度以及这种态度的缘由。我们不需要像做心理治疗一样深入研究，但是探究一下自己的心态有助于我们学习这 10 个步骤，并建立稳定的财务基础。

调整好心态，充分利用这本书吧！

做一个递纸巾的人

我从小就是一个笨拙的孩子，每天不是被绊倒、滑倒就是弄坏东西。我最经常做的就是碰洒东西，往往会把地板、地毯或家具弄脏。

如果我父亲看见了，他会有点大惊小怪，提醒我小心，同时会告诉我，我这么笨手笨脚会让我们家多花多少钱。但如果我母亲看见了，她会默默地拿一张纸巾递给我。

可能你也会这样：虽然你犯了错，但是没有马上去解决问题，而是开始没完没了地抱怨。

"我怎么能做这样的事呢？"

"我好难过……"

"这是某某的错……"

我们都会这样。说实话，对于我犯的错误，我最初的反应与我父亲更相似。但是，我从母亲（谢谢老妈！）那里学会了不纠结于错误，而迅速想办法解决问题。因为你知道我父亲怪过我之后做了什么吗？他还是递给了我一张纸巾。

当你跟着这本书去追求财务完整性时，请记住这一点，不要因为碰洒牛奶或者深色的果汁而过分自责，把它擦干净后就接着去做其他事吧。专注于解决问题，做一个递纸巾的人。

确定影响你金钱观的因素、你的消费习惯及其影响

在很大程度上，我们对钱的态度，比如对合理支出或合理储蓄水平的认知，都并非出于纯粹的个人态度，而是在过去经历的直接或间接影响下形成的。

对很多人来说，这种直接影响源于难忘的童年经历：如果你的父母经济困难，并且对此毫不讳言，你可能会因为害怕自己也遭遇经济困难而牢牢攥住自己的钱。

但有时候，我们的经历会促使我们去做截然相反的事情。比如你的父母过度存钱，不舍得为你买新校服，但你知道他们是有钱的，那你可能会出于怨恨（你自己可能都没有意识到）而过度消费；或者你的父母总是过度消费，让你感到羞愧，所以你现在过得非常节俭，以证明自己与他们不同。

影响我们金钱观的不仅仅是家庭，社会也会影响我们对待金钱的态度。我们从小就被各种宣传信息"轰炸"，广告就是最明显的例子，对吧？广告想勾起我们对所售商品的兴趣。

耳濡目染之下，我们可能会认同广告所宣传的关于地位、权力和幸福的观念，我们的行为也可能会随之改变，最终付出惨痛的代价。毕竟，穿着新鞋子的你虽然走路带风，自信满满，但信用卡账单来的时候可就要心痛了！

在流行文化的浸润下，我们听到和看到的东西都在无形之中影响着我们，我们甚至会觉得有钱就能拥有尊重、爱、影响力和人脉！

例如，大家可以想想电视剧或电影里是如何展现女性友谊的：每当事情不顺的时候，女性朋友们就会去购物！购物确实可以维持关系，但购物还会带来信用卡账单。要加强朋友之间的联系，肯定有成本更低、更有意义的方式！

所以说，在多种因素的共同影响下，你形成了自己的消费习惯和模式，并承受相应的后果。如果你的习惯不好，那后果可能很严重——你会毁掉人际关系、失去珍视的东西，甚至生活难以为继。有些后果可能并没有那么明显，例如，如果你的习惯导致你的信用分数很低，那你可能会错失工作机会，因为有些公司在招聘时根据信用分数评估候选人的可靠性。但不要惊慌，因为产生这种后果往往是日积月累的！

思考时刻：打破模式的关键在于不断反思自己的行为。想想你一直以来的财务习惯，并把它们写下来。认真思考这些习惯的来源、它们带给你的感受以及它们是否会让你偏离了你的财务目标，这样做不是想让你反感自己当前的习惯，而是培养一种意识。要想做出持久、积极的改变，你首先要知道自己该何时行动、如何行动以及为何行动，这难道不令人期待吗？

如果你认识到某些行为不利于你实现财务完整性，那就要改变此类行为。要消除低效模式，你可以停下来想一下，"如果我这么做，就会有这样的结果；如果我那么做，就会有那样的结果"。你需要养成思考的习惯，暂停下来，问自己：

- 现在购买这个东西、做这种改变或财务决定对我会有什么影响？
- 从现在开始到账单来之前的 1 个月中，这会给我带来什么好处？
- 当账单来时，如果本应该花在一处的钱却得花在另一处，我该怎么办？

这些问题的答案并不总是不买、不变或不做决定，但是如果你在消费之前能思考这些问题，那你做出的就是经过深思熟虑的、当然也是更好的决定。

确定你的财务观，做金钱的主人

现在是时候确定你的财务观了。首先，想象一个全新的、更好的你，一个善于理财的"你"，想想这个"你"会怎么做，你还可以参考熟悉的人，在脑海中将你尊重的人或想学习的人的特点赋予这个全新的你。例如，你的朋友珍妮特的退休账户金额惊人，希拉似乎能够轻而易举地去做各种她想做的有趣的事情，而塔尼娅则总是能够坚持不买名牌产品。这些都是你想拥有和学习的特点，那就把它们融合在一起，直到它们成为你自己的特点。

现在行动起来吧！在我看来，太多人困于需要努力工作赚钱的想法，却没有认识到，应该让钱努力为他们赚钱。别人总是告诉我们，我们要上学，要努力工作赚钱，这就是生活。

如果你也是这么想的，那你该改变一下自己与金钱的关系了，是时候说一句："金钱，现在你要为我工作了。"

金钱不是你的主人，你才是自己的主人——这是真的。我常常说，金钱就像是一个蹒跚学步的孩子，哭喊着要把自己用在最时髦的包包上，但你是孩子的家长，你是做主的人，你可以拒绝。你可以说："不行，这个月你要去我的储蓄账户里。"

思考时刻：想象一个善于理财的你，这个你让自己的钱努力赚钱。如果你把自己视为主人，你就会开始做出不同的决定。

寻找感恩的理由

我在 14 岁左右的时候，膝盖疼得厉害，几乎走不上楼梯。但学校的楼梯又很多，我急着去上课的时候就更难受。

我妈妈相信我是真的疼，就带我去看了医生。我确信自己的身体有严重问题，但是医生说这只是生长疼痛，等到我的腿跟上身体的生长，疼痛就会消失了。他说我可能要连着几个月一瘸一拐地走路，我虽然感觉很郁闷，但知道我不是要死了，还是松了一口气。不过膝盖疼还是给我带来了一些好处：我获准乘坐高中区的职工专用电梯，我还会偷偷带我的朋友们一起坐电梯，毕竟这是禁止学生使用的电梯，谁不想尝尝鲜呢？

大家读懂这个故事的意义了吗？生长疼痛是一种信号，代表我的身体在发生变化，从一个阶段成长到另一个阶段。电梯特权是我意外获得的好处，但真正值得感恩的是我的成长。在你开始学习实现财务完整的 10 个步骤时，我希望你能够记住这一点——在这个过程中，你可能会感到有些不适，这一点我要实话实说。但这没关系，不适感是一种明确信号，表示你在成长，而这是值得感恩的。

在我看来，有时候虽然事情很难，但我们能从中学到深刻的教训，而简单的事情并不会教给我们太多东西。大家应该还记得前言中的内容，我自己也曾处于异常糟糕的经济和财务状态，倒霉事一件接一件，我失去了工作、存款、公寓使用权、退休金和男朋友。我觉得自己一无所有了。也不是彻底一无所有，我还有一辆车，1999年的丰田凯美瑞，算是不错了，但是仅此而已。我记得自己当时在想：怎么从"无"开始呢？

但我心里同时觉得，肯定有更好的事情在等着我。就这样满怀着希望，我才得以看到值得感恩的一切，虽然我要非常努力才能看到那星星之火，但我让自己努力去发现。我开始自嘲地说："这个旧行李箱能装下我所有的衣服，太棒了，蒂芙妮，这是值得感恩的！"

即便是自嘲，我的精神也为之一振，我才有动力去寻找更多希望。我当时大约有50个电子邮件联系人，我心想，这些邮件地址就代表着机会，不如试试联系这些人，看他们能不能给我个工作机会？就这样接二连三地发送邮件，如我在前言中所说，我得到了在当地联合劝募会教授财务课程的机会，合同到期后，我拿到报酬，搬出了童年的家，住进了一个红砖房的房间里。我虽然住不起一整套公寓，但还是租得起一个房间的，而我正是在这个房间创造了"预算天后"。

思考时刻： 学习新事物，换一种方式理财，学习更好地做预算，存钱和投资……这些都不是一蹴而就的。一开始你可能感觉很难，但真正难的是做好准备迎接更好的未来。你即将迈入下一阶段，所以可能会经历一些成长疼痛。为了帮你调整好心态，我希望你能找到一个闪光点或者潜在机会，相当于你自己的"旧行李箱"

或"50 个电子邮件联系人",然后把它们写下来。制作一份感恩清单,并尽可能地去丰富这个清单。

清单上列出的不一定是宏大的事情或者与财务相关的内容。你可以写:"我很高兴自己今天早起了,我很高兴蒂芙妮出现在我的生活里!"(开个玩笑)。但我会把你写进清单里,因为你选择了这本书,我真的很感恩!

快乐地生活

我 14 岁时,我的腿变长了。我 21 岁时,我的心胸扩展了。

那时候我刚大学毕业,第一次去尼日利亚。我祖父母结婚 50 周年纪念日要到了,所以我们全家聚到一起庆祝。

到那儿之后,我很快就意识到,在美国,我们觉得自己离开一些"东西"不能生活,但我的堂兄弟姐妹们不会如此。他们有手机,但是不会整天抱着手机玩,而且他们几乎不看电视。

起初,我很疑惑他们整天都做什么。然后我发现了:他们玩游戏、阅读、聊天、经常大笑和互相拜访。是的,听起来很老套,但是我的尼日利亚家人们一起度过了高品质的时光。他们快乐而又亲密,并且坚持做对他们来说最重要的事情。很明显,我虽然物质上很丰富,但我并没有那种感恩之心。所以,我就在那时决定改变我的生活方式,我要去付出,去感恩。我做的其中一件事就是,当一天开始前和结束后,我要在心里列出至少 3 件我感恩的事情。那次尼日利亚之行直到 20 年后仍然激励着我,去过感恩和快乐的生活。

思考时刻:如果你有更多的钱,那你的生活在很多方面都会变得更轻松,从表面看来,你也更成功。但是,超过某一限度后,更多的钱并不会让你更快乐。即便你现在处境艰难,而且你知道你还要做很多工作才能走上财务完整的道路,但是要记住,生活中总是会有欢笑、有爱、有拥抱、有阳光，还有快乐的。

与积极和负责的人为伍

我们已经谈了家庭和社会对个人财务观念的影响，但是影响你和你的习惯的，还有你身边与你相处时间最长的人，包括你圈子里的人、你的朋友、你的团队和你的同事。他们带给你的影响是积极的还是消极的？在你开始学习实现财务完整的 10 个步骤前，这是一个值得思考的问题。

为什么这一点很重要呢？因为如果你身边的人积极向上并且支持你，那你就更有可能成功。这并不是说你靠自己无法成功，但独自为战确实很难提升自己！如果你身边有很多消极的人——爱说闲话、常常质疑别人或善妒，那他们不仅不能帮助你进步，反而还会打击你的信心。他们的不安往往反映出他们的不自信，而有时候，一个人的消极情绪还能折射出他们自身的恐惧。你的目标可能是他们从来都没有勇气去追求的东西，所以他们不理解你的志向。但你要记住，他们的消极情绪与你无关。

要远离那些不鼓励或不支持你的人，关键是要在情感上和物理上与他们保持距离。虽然我们不愿承认，但有时候，这些不支持我们的人可能来自家庭内部，所以很难避开他们。但是，你要接受的是，这些人不必参与或了解你所做的每件事。记住，你的目标是努力让自己变得更好，如果你真的想成功，那就要全身心投入工作，之后再分享你的成功感言。就我自己而言，如果我计划改善自己的生活，我只会分享给有必要知道的人，而不会告诉每个人！

我知道这很难，尤其是当你重视某个人的意见，但你又不能把自己的目标告诉这个人的时候。但是，如果你的朋友或家人觉得你的目标很奇怪，这就会消耗你实现目标所需的精力。

本书的目标是让你拥有财务完整性，所以你可以去结识一些积极向上的人，这些人也踌躇满志，想要提升自己的财务状况，包括提高信用分数、增加资产净值、制订债务偿还计划以及寻找创收的副业。你的生活中有这样的人吗？

如果有，那你要去寻求他们的积极支持，同时也去支持他们。我把这种提升和交换称为责任合伙制：开展头脑风暴、建立联系并相互鼓励，帮助彼此坚持下去。你需要责任伙伴吗？可以访问网址www.getgoodwithmoney.com 加入我们的线上社区，去认识其他追梦人吧。请把他们看作心态导师，并回馈同样的支持。

思考时刻：想想生活中哪些人会影响你：可能是你做决定时要去寻求意见的人，可能是那些在一定程度上影响你做选择的人，可能是那些你佩服或者想要学习的人，还可能是那些总是告诉你要怎么做事的人。不管是哪种人，你都要考虑他们能为你提供什么类型的能量。你能从他们那里获得足够的鼓励和支持吗？如果不能，那就不要选择这些人，而是考虑其他能够帮助你实现梦想的人。要积极主动地去寻找合适的责任伙伴，不要害怕在网上联系他人。

如果你想进一步了解关于心态调整的内容，那我要推荐两个最佳人选：卡拉·史蒂文斯（Kara Stevens），节俭女权主义者（The Frugal Feminista）首席执行官和创始人，《修复你与金钱的关系》（*Heal Your Relationship with Money*）一书的作者。阿什·埃克桑特（Ash Cash Exantus），MindRight 资金管理公司的财富教练兼首席财务教育家，以及《心态正确带来财务正确》（*Mind Right Money Right*）一书的作者。你可以在工具包中找到更多关于他们的信息。

牢记内心的力量

最后，你要记住自己有多么强大，这将在很大程度上影响你看待金钱的态度。你拥有你所需要的一切，你有工具、有能力也有权利去追求属于你的富足人生！

记住，你目前的财务状况只是暂时的，这只是开始。保持信念，不必恐惧，要相信你能够到达你想去的地方，而我将与你一起，并助你一臂之力。现在，让我们开启你的财务完整之旅吧！

第二章

编制预算

目标
打造10%完整的财务系统

现在，你迈出了学习理财和掌控自己钱财的第一步。说实话，一想到你们将拥有美好的未来，我坐在这就忍不住跳起来雀跃欢呼。话不多说，做预算的时间到了！我们真的要开始了。

　　想到要编制预算，你会觉得有点紧张吗？还是感到非常恐惧？别怕！是的，你确实要下点功夫，但这是好事，只要你撸起袖子开始干，你就会得到丰厚的回报。

　　所以，满怀期待地开始这项工作吧。你知道为什么吗？因为预算就是你的通行证，能带你抵达最遥不可及的目的地：度假、上学、创业，只要你愿意做出必要改变，你就可以将这一切尽收囊中。

　　切记，主动掌控预算就是在为你的美好未来铺路。

计划

制定和维持预算，并使其自动化

要制定一份合格的预算，你要手写或打印出正规的文档，自动填充或手动填写其中的各条各项，包括收入、支出和存款。如果你的预算不是这么做的，那它就不是一份良好的预算，难以帮你创造美好的未来。

制定预算的关键在于积极主动，而不是消极以待。内容模糊的预算（油费大概 40 美元，每月外出就餐花费 200 美元左右，每月存款估计有 500 美元）无法支撑你的财务生活。是，这样的预算多少能为你的财务生活打些基础，但不是稳固的基础，一点点压力就会让它摇摇欲坠。你可以做得更好！

只有以具体的财务事实和数据为基础，你才能制定出更好的预算。你要清楚地知道自己每月的收入，而不是仅知道一年的总收入；你要严格控制自己的固定支出和可变支出，如娱乐、食品杂货、美容等。这样才能奠定坚实的基础，并基于此构建你的梦想。如果你的预算中全是"大概"和"左右"，那你就不甚了解自己的资金流动情况。记住，我们的目的是让你学会理财，如果你不了解自己的"财"，那你恐怕也"理"不出太大名堂。

但幸好，你已经知道如何制定预算，你只需更了解自己的预算。你和你的钱不能只是泛泛之交，你们必须成为知根知底的朋友。你要求知若渴，因为知识就是力量，去掌控这力量吧！

我觉得，开始做预算就像是去看医生，你感觉有点不舒服，但又说不清到底是怎么回事。要想让自己感觉好点，可以采取 8 个步骤，下文"行动"部分将展开讲解。

第 1 ~ 4 步是通过提问了解你当前的财务状况，即"下诊断"。这些步骤是循序渐进的，以帮助你开展自我诊断，所以请按顺序进行。

第 5 ~ 8 步是让你感觉好点的方法，确切地说，是让你的财务状况变得更好的方法！你可以将这些步骤视为"治疗"环节。当知道你的问题出在哪儿，优秀的医生就可以帮你解决问题了。至于这位医生，我们就叫她预算天后医生吧。不是我吹牛，大家可不是平白无故叫我预算天后的。我优化了一个简单易用的系统，帮你确定你最能控制的支出，并立即采取行动。

你还将了解一些行之有效的策略和方法，以减少支出，增加收入。只要照着做，慢慢就能掌握做预算、储蓄和设置预算自动化。在这个过程中，你要记住，预算不能增加你的资产，只能帮你管理资产。但不要担心，我会在后面的章节中介绍如何增加财富。

在去看预算天后医生前，我们要准备好过去几个月的银行账单和票据，并随身携带。一切准备就绪后，你很快就能做好这份预算！真的，这并不是尖端科学，甚至都算不上是科学。首先，我们要做两件简单的事情——观察和记录你的钱的一生；然后，我们要采取一些措施来更好地追踪钱的动向。

行动

以下是帮助你做好预算的 8 个步骤。

第一，制作收入明细表。

第二，制作支出明细表。

第三，计算每月各项支出的金额。

第四，计算每月月初的存款额（哭泣时刻）。

第五，设置不同花费的控制级别。

第六，酌情减少支出，想办法增加收入，然后重新计算存款！

第七，分散资金。

第八，实现预算自动化。

在这个过程中，你不仅要整理最近的银行对账单和支出收据，还需要几个简单的工具。首先，如果你跟我一样老派，那就买一个好看的日记本或笔记本，不用很贵，但是根据我的经验，最好是比较亮丽和抢眼的本子，这样放在桌上或床头就会很明显。只要你看到它，就知道它对你的意义，比如你一看到这个本子就会想到：啊，那可是我的财务未来呀！想想就觉得高兴。如果你用的是电脑，那就给文件夹起个特别的名字，每次看到都会让你感到高兴的名字，比如"我的富足人生"——我肯定会选这个名字！

如果对预算寻根究底让你感到焦虑，那我建议你试试香薰，看看能不能平静下来。在做预算的时候，可以点上一根香薰蜡烛。做预算肯定没有去做水疗舒服，但你可以在做预算的时候创造水疗的氛围呀！

行动 1

制作收入明细表

我们来谈谈收入吧！如果你是上班族，你应该知道自己的年薪有多少。如果你和我一样，那你肯定对自己每月税后的实际收入了如指掌。如果你不知道，那找出工资单一看便知。如果你拿的是时薪，那回想一下自己过去 3 ~ 6 个月的收入，然后算出每月的平均值，把这个数字写下来。

别急，还没完。可能还有一些你根本没当回事的小额收入，但如果把这些都算进去，最终结果可能会大有不同。如果你有离婚赡养费或子女抚养费，那应该算进去；如果你在易贝（eBay）上有副业收入，或在当地的美发店出售自制的美容产品，那也应该算进去；把投资利息收入、社保收入或伤残津贴等都算进去。仔细想想你家的所有收入来源并确定具体数额。不管收入金额大小，把这些数字都写下来，算出总和，即每月实得总收入。这便是你资金明细表（预算）的开头——收入部分。

你的任务：制作你的资金明细表，把收入列出来，现在正是动手的好时机！附录中有资金明细表空白模板（见附表 1）和示例（见附表 2），如果你想下载最新模板，也可以访问工具包。

预算天后建议：这项任务只需要几分钟，所以请不要拖延，立即行动！这对后面的内容来说是很好的练习机会，你越快行动，就越早有效果。

行动 2

制作支出明细表

一份好的预算中还包括你的花销项目，即你的支出。你已经填写了资金明细表，现在就开始填写支出部分吧。我发现，在制作支出清单时，从文字开始比从数字开始要更简单，也就是说，先列支出的内容，而不写相应的金额。

对于行动 2，我希望大家不要局限于月度支出，因为有些并不是固定支出。我想让大家养成习惯，关注自己所有的消费选择，而不仅仅是那些显而易见的选择。所以，先把所有的支出列出来吧。

这份文字清单（还没有数字）能让你清楚地看到自己的消费情况。如果你不知道从哪里开始，那就看看自己过去几个月的借记卡交易记录。如果你有信用卡，去看看信用卡账单，你就知道自己的一部分花销去了哪里。等等，还有呢！回想一下你的日常，想想你在什么时候用现金买了什么东西，然后写下来。你每天都买咖啡、早餐和午餐吗？你经常和朋友一起出去玩或者看电影吗？把这些支出记下来。这个过程没有评判，你也不用把任何支出剔除掉，你只是在观察和记录。我自己的资金明细表中的支出有保险、油费、外出就餐、保养头发、洗漱用品、话费、网费、信用卡、食品杂货、干洗等。你的呢？记住，现在只是把你的支出项目写下来，一行行列出各类支出。

还有一点也很重要，如果你和另一半财务共享，或者有其他人使用你的收入，那这些人也要参与这个过程，因为他们也在花你辛苦赚来的钱，你需要明确知道他们把钱花到了哪里。

不管你是凭记忆还是根据银行对账单统计，继续列出你的固定支出，例如房租或抵押贷款、有线电视费、健身房会费、通勤费用（油费、火车票、公交卡）、学校贷款等；然后列出每月可变支出，如食品杂货、购买衣物、洗漱用品、与朋友外出等。你也可以列得更详细一些。你经常购买工作服和运动服吗？你要付车贷和保养费吗？你每天都买花、在餐馆吃饭、买报纸吗？还有花在其他人身上的钱，比如托儿所、玩具、给孩子的艺术用品或者三者皆有？如果你跟我一样要经常给别人买礼物，因为好像每个月都有朋友过生日或者每个月都要去参加生日派对，是这样吧？不管大小，这些都是支出，必须要都算上才能确保预算的有效性。

如果你去商店习惯用现金，而不是刷信用卡或银行卡，那你要仔细看看银行对账单。你取钱的地点和时间有什么规律吗？这样能不能想起来自己总是在哪儿花钱，把钱花到了什么上？

内容越详细越好，要对自己坦诚。举个例子，这就像是小时候为了买自己喜欢的零食，使劲在沙发缝里找硬币一样。一定要深挖！找到你的"硬币"。总之，如果你想要滑头，偷偷把一些额外的支出（让你快乐同时让你有负罪感的支出）漏掉，那你完全是自欺欺人。你可以做出更好的预算，更丰厚的回报明明唾手可得，你真的满足于漏掉这一点点吗？

你的任务：列出你的各类支出，包括衣物、清洁用品、食品杂货、护发产品等。填写工具包中资金明细表的支出部分，这会儿先不要担心数字。

预算天后建议：如果你还是不确定自己的钱去了哪里，那这周随身带一个笔记本，记下每天的花费。这样你就能大致了解自己的消费习惯。

行动 3

计算每月各项支出的金额

如果你每个月月底都想不起来自己的钱到底花到了哪里，那你制作预算时就能找到答案。你无法逃避，答案就在你面前。这可能是你不愿接受的答案，但是你需要看到，这样才能去改变自己的财务生活。你读这本书不是为了重复以前的生活，也不是为了满足于当前所得，而是为了给自己创造一个全然不同的财务未来。所以要学会善用金钱，并积极努力实现财务完整。无论你是消费、储蓄或投资，最好把每一分钱都花在刀刃上，而制作资金明细表有助于你合理利用自己的钱财。

这就开始吧。拿出你的资金明细表，把每月各项支出的金额写下来，以确定每月支出总额。既然已经涉及数字，那为什么只统计一个月的情况呢？因为基于具体时间段做预算效果最好，多数财务系统也都选择以月为单位制作预算。填写每月的支出金额时，可以从简单的项目开始，即每月固定支出。例如，你的抵押贷款、房租、有线电视费用等。但有些花费是两三个月一次的，所以你要简单平摊一下每月的花费。

例如，如果你三个月支付一次水费，那这个水费数额就不能算作支付当月的费用，你需要把这个数额除以 3，得出每月的费用。你也可以做逆运算，如果你每周外出就餐两次，每次花费约 40 美元，那每周花费为 80 美元，乘以 4 就是一个月的总额，320 美元，你应该把这个外出就餐总额写入资金明细表的支出部分。

完成之后，尽情调整

如果你追根究底，那表格中的支出部分可能非常长，但这是好事，说明你对自己很诚实！这个时候，你可以把其中的一些支出合并起来，这样也易于管理，毕竟你没办法也没必要追踪预算中的每一项支出。把类似的支出合并起来能让你保持预算精简的同时了解自己把钱都花在了什么地方。例如，你可以把工作日的咖啡、自助午餐和外出就餐的费用合并为外出就餐费用；把每月的理发、化妆品和美甲费用合并为美容费用；把每周二晚与同事喝酒的费用和闺蜜之夜的费用合并为娱乐费用。最开始之所以没让大家这么做，是因为我想让你们了解自己每月的具体花费，然后再合并归类。制作预算是为了帮你了解自己钱财的真实进出情况，而且没有人能替你做这件事。只有读完整本书，你才能创建自己的"学习指南"。

你的任务：确定自己一个月中各项花费的金额，把这些数字填入资金明细表中。

预算天后建议：还是不确定如何填写资金明细表吗？别担心，你可以参考附录中的表格示例（见附表2），另外，我还提供了空白的资金明细表供你使用。你也可以在工具包中下载该表。

行动 4

计算每月月初的存款额（哭泣时刻）

面对现实的时候到了！不过你可以先播放一些舒缓的音乐，点一根儿香薰蜡烛，营造一种舒缓的气氛，你等下可能需要！

在"行动 1"中，你统计了家庭月收入，算出了每月实得总收入。在"行动 3"中，你计算了自己的月度总支出。现在，你要从收入中减去支出，得出的数字便是"月初存款额"（关键词是月初），这也要列入你的资金明细表中。

看到这个数字的时候，你可能马上就明白我为什么称之为"哭泣时刻"了。有人很崩溃："天哪，我的存款竟然为负?！"有人感到震惊："原来我花了这么多钱。"也有人怀疑自己是不是算错了，因为他们算出来自己的每月月初存款额为正，但是他们从来没见过这些钱！还有人给我发了一长串的哭泣表情，或者干脆真的哭了起来，这很常见。

即便你知道自己并非家财万贯，或者确实面临经济困难，但看到月初存款额时还是感觉深受打击。这就像减肥前称体重一样，你开始节食是因为你想减掉一点体重，但是当你站上体重秤的时候，你才意识到可能低估了自己的体重！你从秤上下来，把身上厚重的毛衣脱下来扔到一边，再站上秤却发现，数字基本没变。可恶！不是毛衣的原因。啊啊啊！

不管你是什么反应，有什么感受，都要善待自己。不要放弃，我们接下来就要改变这种情况了。让我们先来回顾一下已经完成的工作：你已经制作了一份基本的预算。恭喜，你做到了！你本来以为这会很难、很花时间，但我们这本书才开始没多久，你就已经掌握了这部分知识。你已经拉开幕布，清楚地看到了你的钱去哪了。

你可以把你的钱想象成一把锤子，你可以用这把锤子建造你的财务大楼，也可以用它摧毁你的财务大楼。拿锤子的人能决定如何使用锤子，好消息是，你就是那个做决定的人，你来决定用锤子做什么，这是你的超能力，你要一直牢记这一点。

你的任务：现在要做减法了！从总收入中减去总支出，不管好坏，得到的就是你的月初存款额。

预算天后建议：很多人不愿制作预算，就是因为行动 4。我们在了解自己钱财的去向时，要试着不去害怕。怎么做呢？我们应为此感到高兴，因为你对你的钱有了新认识，不管是多是少，这都是值得庆祝的。学到了新知识就可以采取新行动，而新行动就会带来更好的新结果。尽情庆祝吧！

行动 5

设置不同花费的控制级别

接下来要做的事情就有意思了。前面的行动都是为了评估潜在问题，后面的行动则是要解决问题！

首先，你要学习如何控制你的钱，那我们就需要再回到花费部分（支出）了。现在我们要把支出清单上的各项归为以下 3 类，然后你可以考虑哪类支出最易（比较容易）控制。

3 类支出

- A 类即账单，这些是经常性和零星的账单，如租金、抵押贷款、车贷、学生贷款、信用卡、保险等。如果不支付这些账单，你就会收到催收电话。也就是说，就某项费用而言，如果不支付会引发法律问题，那它就是 A 类费用。看一下你的资金明细表，确定其中的 A 类费用。控制级别：低。

- B 类即生活杂费，这些也是账单，但是金额取决于你的使用量，如煤气费、电费、水费等。B 类和 A 类的区别是，B 类账单的波动性更大。如果忘记支付这些费用，你就会有麻烦，比如说，电源可能会被切断。由于 B 类费用会随着使用量上下浮动，所以我们要把它跟 A 类费用区分开来。把资金明细表中的水电费标为 B 类。控制级别：中。
- C 类即现金支出，这里的现金并不一定指你用现金购买东西，我们用此来指代那些你自己确定要做的支出，而不是别人根据事先的付款协议要求你支付的费用，如食品杂货、理发、水疗、娱乐、外出就餐等。这样是不是更好区分？分好 A 类和 B 类后，其余的均是 C 类。控制级别：高。

每个分类下有多少项？根据每个分类下的总数你就可以知道自己现在（或未来）为什么没有足够的钱，不，是还没有足够的钱去过上自己想要的生活。但是让我们先把这些数字放到一边。

看一下你的月初存款额，是正数吗？如果是，你觉得够吗？我认识的每个人，不管他们的月初存款额是多少，都说不够，是不是很意外？对不同的人来说，"存款不够"的意思并不相同，但是如果你的月初存款额是负数，那你的钱是真的不够！

假如你的是负数，或者虽然是正数，但你觉得很惊讶，因为你觉得自己每个月根本没有多余的闲钱！出现这种情况有两个非常简单的原因：第一，你赚得不够，第二，你花得太多。当然，很多人二者兼有——收入不高，支出又太多，一般都是这样。但是，你的 A、B、C 分类能帮你快速确定自己是什么问题。

如果你大部分的钱都花在了 A 类和 B 类费用上，那你的问题很可能是赚得不够，因为你大部分钱都用于支付义务性款项了。A

类费用很难改变，因为你与收款方往往存在法律关系。B 类可以调整，但调整范围有限，这一点后面再细讲。

如果你的 C 类费用比 A 类和 B 类费用都多，那你的问题很可能是花得太多，因为你多数钱都花在灵活性款项上了。"灵活"是指你对此类花费的控制权更大，而 C 类费用一般都是可控的。据我所知，如果不是因为发现 C 类花费过多（如每两周做一次美甲），很多人平时连灯都不关，是这样吗？

人们总是弄不清楚自己的问题，意外吧，但我对此深有体会。

我做幼儿园老师的时候，手头总是紧巴巴的，我以为是因为自己花钱太多。所以我慢慢变得越来越节俭，一有机会就把钱存起来，这样我才能在大约 3 年的时间里存下比年薪还多的钱！看看我当时的支出，并把它们分成 A、B 和 C 类，就会发现我几乎没有 C 类支出！所以我当时花得真不多，收入基本都花在 A 和 B 类账单上了，所剩无几的钱也存了起来。我搞错了重点——我的问题根本不在于支出，而在于收入。认识到这一点后，我就去做家教和保姆了，解决了赚钱少的问题。

相反，有些人总觉得自己收入太低，但其实有可能是因为他们花钱太多，这种情况也很普遍。这些人觉得他们需要多赚钱，但是如果他们能认真地看看自己的支出，可能会意识到自己真正的问题是什么。

为什么这一点很重要呢？因为如果你不知道自己的钱到底为什么不够用，那你也不会知道该做些什么才能有足够的钱。首先要确定为什么，然后才是做什么，明白了吗？好的，那我们继续！

如何精明地存钱

如果你的月初存款额是正数，那很好，非常好！你的方向是正确的，但是你还可以更精明地存钱，也可以制定明确的存款策略。我们将在下一章教你如何储蓄！

你的任务：拿出你的资金明细表，把其中的每笔费用分类，共有 A、B、C 3 个分类。确定每类费用的数额，这样你就知道自己的问题是花得太多还是赚得太少，然后制订专门的计划来增加月度存款。

预算天后建议：大家经常私信问我自己的支出分类是否正确。大家要明白，分类并不是要完美无瑕，这项练习是为了让你确定自己在多大程度上能够控制某些支出，以及你是否有花太多或赚太少的问题。没有人会给你的支出分类打分，我只是想帮大家去重新审视自己的钱财。所以只管尽力而为，你可以参考附表 2 的示例或工具包中的示例。

行动 6

酌情减少支出，想办法增加收入，然后重新计算存款

这项行动是帮你寻找隐藏的存钱机会，即便金额微小，但只要假以时日，也能像种子一样，长成参天的财富之树。你的存款也能够从无到有或者从少到多。只能挺过今天是不够的，你要为自己和

未来的自己更好地打算。

在行动 5 中，你确定了自己的问题是花太多或赚太少，那下面是解决这些问题的一些办法！

如果你花得太多：我们先来解决这个问题，毕竟学习少花钱往往比学习多赚钱更简单一些。当你在调整支出时，最好按照控制级别从高到低去调整，即从 C 类到 B 类再到 A 类。如果你花得太多，你首先要看一下你可以减少哪些 C 类支出。拿出你的"放大镜"，仔细研究这个清单，每项支出都看一下，列出你可以削减的，并把它们视为计划削减的支出。我听说有人就靠下面这些方法显著减少了支出。

- 坚持一周、两周或三周不网购。
- 取消未使用的订阅服务（健身房、有线电视等）。
- 每隔一天带午餐去上班。
- 控制外出就餐成本。
- 去杂货店购物之前列个清单，这样可以减少冲动消费。

现在重新计算一下。把 C 类支出的计划削减加回来后，你的新月度存款有多少？我觉得应该会有些积极的变化。如果没有变化或者变化不明显，那也不用担心，我们只是需要继续努力。你必须要对你的 B 类（生活杂费）和 A 类（账单）做出更大改变了。

B 类支出调整

- 如果你需要付电费，一定要拔掉那些耗电的"吸血鬼"插头。如果这些东西一直插着电，即便你把它们关了，还是会产生电费的！怎么省电呢，你可以把电视和电子产品

（冰箱和冰柜肯定不行）之类的大件插到一个插排上，然后晚上睡前直接把开关关掉。我听说，有的人仅这样做每月就能省下 30 美元电费，一年就是 360 美元。

- 你还可以与服务供应商沟通，打电话问一下有什么省钱的办法。水电公司往往会免费评估你家的用水／用电效率和安全。他们可能还会指出你可以调整的地方，比如更换一些过滤器、绝缘材料或阀门，这样从长期来看是可以为你省钱的。

A 类支出调整（更大的决定）

- 如果你买了自己的房子，那你可以考虑抵押贷款再融资，但这种做法未必适合你，因为其中涉及多种因素，更多内容，请见第四章行动 2 中的"你应该为房贷再融资以偿还其他债务吗"。如果你租房住，你可以考虑（暂时）换个更小的房子或更便宜的地段。

- 如果你的手头真的很紧，那你可以考虑退掉新车，这样就不用再支付车贷了。退款金额可能低于你的欠款余额，你还需要补上一部分，但这也是值得的，因为你只用支付差额，而不是偿还你付不起的全期贷款。这听起来很疯狂，但是我让我的男朋友（现在是我的丈夫）这么做了，从长远来看，他省了很多钱。

- 打电话给你的保险公司，确保你的保险费率是最低水平。如果你的驾驶记录良好，你的车险也许是可以调整的。你可以在同一家公司办理不同的险种，这样也许可以省钱。你还可以考虑增加自付额。但要注意，自付额增加后，虽然你的月付会减少，但是如果你需要申请索赔，你的自付费用就会变高。

- 如果你有联邦学生贷款，你可以申请延期偿还，不过这取决于你的具体情况和贷款类型。

把存款当作账单

如果你想确保每个月存钱，那就把存款当作账单。当你填好最新的资金明细表后，你就清楚地知道每个月可以存多少钱，然后把这个存款额列在资金明细表中的支出中。每月手动或自动支付账单时，先去支付这个新的"存款账单"，这样你就不会再疑惑自己的钱花到了哪里。

如果你赚得太少：如果你已经过得很节俭，那该怎么做呢？如果你为别人或一家公司工作，那你的首选显而易见——去要求加薪（不过多数人总觉得不可能）！

我明白，去要求加薪并非易事，但是如果你准备好与自己工作成绩相关的事实和数字证据，那你就可以理直气壮地去做这件事。

首先，如果你没有一本"夸夸书"，那就从今天开始准备。你可以把它看作给自己加油打气的日志。在刚开始的时候，这本书仅是为你自己制作的，但是很快你就可以把它当作证据，用来展示你给老板、公司和／或同事带来的直接益处。"夸夸书"可以是实体笔记本，也可以是电子文档或邮件草稿。最重要的是，你可以在其中记录你的成就，并且可以轻而易举地查看。你应该想到要记在哪里了吧？很好。

从现在开始，我希望你能把自己为公司省钱或赚钱的每件事都记录下来，包括你间接为公司创造的价值，这也同样重要。不管这些价值是你单独创造的还是团队合作创造的，你要做的都一样：把它写进你的"夸夸书"！

尽量写得详细些，写上日期和时间、你知道的具体数字以及任何你能提供的支持数据。当然，如果你清楚地记得你有"夸夸书"之前的丰功伟绩，那也一定要补上。如果你掌握的只是模糊的信息，那要做些研究来确保严谨性，因为你要向别人说明他们为什么要付你更多的钱，所以你必须要有充分的理由才能如愿以偿！

需要例子吗？例如，上周大家都来找你解决技术问题，如果没有你，大家估计都要发疯，这可是很了不起的，把这条写下来。再比如，你是负责排班的人，大家要换班的时候都要来找你，你把每个人的班次都记得清清楚楚，确保班次衔接没有问题。也许公司应该把这项职责明确地写入你的岗位描述中，你也应该因此获得额外的报酬。还有你写的广告语为相关品牌带来了特定收益。这些都要写入你的"夸夸书"。

如果你不是在企业上班，而是做一名保姆，那你有多少次晚走或早来以满足雇主需求？把这写下来。

如果你提供此类确凿的证据来证明你的付出，展示了你为雇主提供的有形服务，那你并不是在要求加薪，而是要求获得你应得的成果。不过，即便你要求加薪的理由很充分，你也未必能一下子就如愿，但还是要继续记录你的成就！

如果你当前的工作是固定薪酬（如工会工人），那你的短期解决方案很可能是做副业。

我觉得副业应该是一件让你能够轻松增加收入的事情，除非未来你想用副业代替主业。如果你的目标仅仅是增加收入，那你要找的副业应该与你在学校学的专业一致，或者与你现在的工作内容一致。也就是说，你可以在不学习太多新知识的情况下尽可能多赚钱。例如，我当老师的时候，我的副业是保姆和家教，一年能多赚6 000美元，但我并不需要额外的培训，而且当老师的工作技能也很有帮助，人们都愿意找我。

你也可以找一个当下时兴的副业，如网约车司机、外卖员等，此类服务的需求在激增，而且进入门槛也较低。

但这只是副业的冰山一角，可以选择的副业太多了，我将在第六章中专门讲关于副业的内容。

现在重新计算：看看这些调整会给你的月度存款带来什么变化。当然，这些变化也不会在一夜之间就发生，所以现在先把预测数字写下来，等一个月后再重新计算实际的数字。也就是说，你要再次体验哭泣时刻，但是每做一次调整，你就能少掉些眼泪！

如果你身无分文，该怎么办——健康和安全优先

做完这些调整后，你的新月度存款还是负数吗？如果你还在上学或刚刚找到工作，或者你遭遇离婚或大病等重大变故后刚开始振作起来，那你处于这种状况也正常。

不要惊慌，我曾经也这样，我知道这真的很难，我也知道你需要做什么。

你还是需要想办法赚钱，你应该积极地、创造性地（但要合法）去寻找额外的收入来源。你可以参考上面的想法！但是你也要考虑哪些是必须先支付的款项，哪些是可以晚些支付的款项。

这其实很简单。问自己一个问题：如果我不支付这个费用，我的健康和安全会受到影响吗？回答了这个问

题后，你就知道自己需要继续支付什么费用了。

例如，假设你患有哮喘，那你的一项支出就是购买处方吸入器。你要问自己：我缺钱，如果不买吸入器，我会不会不健康或者不安全？问题的答案是会。但是，假设你的"药"是高级复合维生素，如果你停止服用或者改用普通品牌，那你会不会不健康或者不安全？只要你的医生同意，那我觉得用普通款也没问题！

那有线电视费用呢？如果你不订购那些额外的电影和体育频道，你会不健康或不安全吗？应该不会吧。你疯狂地看电视还可能不利于你的健康和安全。所以，有线电视费用可以等等再说。

在健康和安全优先的情况下，你可能还要晚些支付信用卡账单，或者只支付最低还款额，而不是全部还完。你甚至还要晚些支付手机账单，或者更换手机套餐，因为如果你在找工作的话，你肯定要确保手机畅通！

不管你做什么，都不要失联，不要躲着你的债主，因为这样不仅会暂时降低你的信用分数，还会给你的未来造成负面影响。你可能会失去汽车或房子等财产，你的资产可能被冻结，工资也可能被扣押。

你也可以考虑打电话给收款方，解释你的处境，这听起来可能很难、很可怕甚至很丢人，但是如果你刚刚失业或者遭遇困境，很多水电公司和非必要服务供应商（主要是电话和有线电视公司）是会同意调整还款计划的。2020 年，当新冠肺炎疫情袭来时，很多抵押贷款公司和非必要服务供应商都积极地推出了延期还款选择，甚至还提供了救济项目，以帮助身处困境的数百万人。

即便是在大环境没那么困难的时期，一些企业也会帮你想办法，因为他们想要留住你的业务，等待你的财务状况好转。话虽如此，你还是要认真阅读合同细则，毕竟没有一家企业想要亏损，如果你接受他们的财务困境援助计划，那一定要确保自己不会陷入更深的债务。

但说实话，有些公司可能会比较强硬，声称你要么还款，要么承担后果。别让他们吓到你，你要保持冷静，了解自己的价值，他们做不了你的主。你只用告诉他们：
"你们要等一等了，我有钱了就会还款。"

最终，只有你能为自己的健康和安全负责。在你面临经济拮据的时候，如果一项支出对你毫无帮助，那就可以等等再说。如果你身无分文，那就暂时不要支付对你来说并非必要的款项。我曾经没有这么做，结果陷入更大的困境。

你的任务：如果你的问题是花得太多，你要确定哪些支出可以削减。如果你的问题是赚得太少，那你就要想办法增加收入。不管是哪种情况，你都要重新计算月末总余额，以便预估这些调整对你新月度存款额的影响。

预算天后建议：即便你并非身无分文，那你也可以确定哪些是保证健康和安全的支出。拿出你喜欢的荧光笔，把这些必要支出标出来，这些是你不管在什么情况下都要继续支付的费用。现在就去做，这样万一你未来出现经济困难，你就会知道该重点关注哪些支出了。

行动 7

分散资金

有时候你需要把东西分开才能看得更清楚。例如，在感情关系中，两个人要分开一段时间才能看清楚对方是什么样的人以及这段感情是否健康。而在财务生活中，你也可以把钱分到不同的银行账户中，这样也能看得更清楚些。不过这样可能会涉及一些文书工作，你也需要一些机制来关注不同账户中钱的状况，不过不用担心，在下面的内容中，我们将利用自动化简化这些工作。我建议大家开设两个活期存款账户和至少两个储蓄账户。是的，即便你没有那么多钱分到这些账户中，也要开这么多账户！

此外，你最好在 3 类不同的银行开立账户，因为每家银行提供的服务不同。

1. 实体银行。实体银行要选择传统的大银行，国家级和地区级银行都可以，但要有分行网点。在实体银行开立账户的好处是，你能有个地方去处理银行业务，必要时还可以跟银行业务员当面沟通，这样会给你安全感。大银行的好处在于，它在全国甚至全世界都有分行，非常方便。

2. 网上银行。网上银行不用支付租金、建筑维护和人员费用，因此可以提供更高的利率，也最适合储蓄。网上银行取钱没那么方便，但这是好事！因为这样就能存下钱。想象一下：你在最喜欢的商场里看到一件想买的好东西，你看了下自己的活期账户，马上意识到自己没那么多钱。但是如果你的储蓄账户和活期账户是在同一家实体银行开设的，你在几秒之内就能用手机把你需要的钱从储蓄账户转到活期账户里，然后下一秒你就刷了自己的卡，你的存款就这样没了。

但是，如果你的钱安全地存在了网上银行，那你至少要等 24 小时才能取到钱。所以，除非你打算睡在商场，否则你今天是买不到这件亮晶晶的东西了，明天也不一定能买到。这种等待会迫使你分清轻重缓急。

3. 信用社。每个人都应加入信用社。信用社一般都是非营利组织，它们虽然需要赚钱来支付租金和人员等成本，但它们的经营目的并不仅仅是赚钱，正因如此，它们提供的贷款利率往往较低。另外，多数信用社的月费都很低，而且对余额的要求也很低。有些信用社专门针对教师、消防员、警察等特定人群，但是也有适合所有人群的信用社。你可以直接上网搜索信用社，然后找一个离你近的。信用社的好处是，你加入之后马上就可以享受所有的会员福利，例如，用于购买汽车或房屋的低息贷款。

如果你不知道如何寻找及确定最适合自己的金融机构，你可以参考我在工具包中列出的我最喜欢的最新机构列表。

接下来让我们分别看一下需要开设的账户。

活期存款账户

你可以在常去的实体银行开立此类账户，你需要经常存取里面的钱，所以方便点比较好。

1. 活期存款账户 1: 存款 / 支出账户。你的到手工资、直接存款和收入都存入这个账户，同时要在这个账户下附一张借记卡，用于以后的支出。C 类支出的钱就从这里出。

2. 活期存款账户 2: 账单账户。账单账户里存的钱仅用于支付账单。不要把这个账户与借记卡绑定，因为这样你就会去刷卡，但是你不能把用来支付账单的钱花掉呀！这些钱只能用于自动支付账单，或者用手机或电脑手动支付账单。A 类和 B 类支出的钱从这里出。你可以每月手动将活期存款账户 1（存款 / 支出账户）里的钱转入这个账户，也可以设置自动转账（我们马上就会讲到了）。

储蓄账户

储蓄账户要在网上银行开，前面已经提过原因了（取钱不方便）。

如何选择最合适的网上储蓄账户

要考虑以下几点[1]：

第一，在工具包中评级为 A 级。

第二，在联邦存款保险公司[2]投保。

第三，提供最高利率。

第四，开户和享受宣传利率所需的存款额最低。

1. 储蓄账户 1: 应急储蓄 / 短期储蓄账户。你要在这个账户里存足够的钱，最好能维持 6 个月或更长时间的基本支出。这些都是必要的支出，例如房租和保险费，而有线电视费和外出就餐费则不是必要支出。你维持健康安全的生活方式需要支付哪些账单和费用

---

[1] 读者可根据此法选择我国合适的银行。——编者注

[2] 联邦存款保险公司（Federal Deposit Insurance Corporation，简写为 FDIC），是美国联邦政府的独立金融机构，为银行和储蓄机构的存款提供保险，识别和监控存款保险基金中的风险，限制银行和储蓄机构倒闭时对经济和金融体系造成的影响，维持和提高公众对国家金融体系的信心。——译者注

（如食品杂货）？在下一章中，我将帮你确定你需要存下的具体金额以及如何存到这个金额。存钱是防患于未然，也是一种心态的巨大改变，非常重要。但现在，你需要做的只是开设用于应急的储蓄账户。

2. 储蓄账户 2: 目标储蓄账户（钱桶）。你在小学的科学课里学过降雨吗？暴风雨过后，你不能简单地拿尺子去测量降雨量，因为地面是会吸水的！你还不如放一个水桶在外面收集雨水然后测量。我为什么要说这个呢？因为你就像地面，而钱则是雨水，如果不放一个水桶，你就会把从天而降的所有雨水吸收了（花掉）！这个桶就是目标储蓄账户，我们可以称之为钱桶。

你的长期目标是什么？如果你跟多数人一样，那你的愿望清单上至少有一个大项目，例如旅行、婚礼、房子或汽车。不管你有什么目标，实现它的最好方法是专门为这个目标开一个储蓄账户，而且只能在网上银行开设，原因还是跟前面一样——这些账户取钱不方便。

你也可以把这种账户设置为大账户中的子储蓄账户，这样，你可以在同一个账户中看到每个目标的进展。但如果你选的网上银行不提供子账户功能，那就为每个大目标开设单独的储蓄账户吧。

记住，开设和维护这些储蓄账户是不需要成本的！

你的任务：动起来——分散资金，以便清楚地查看自己的钱财。你要在合适的金融机构开设两个活期存款账户和两个储蓄账户。

预算天后建议：在你还不需要借钱的时候，先与信用社建立关系。这样当你需要借钱的时候，流程就会加快。各种组织或协会都有信用社，打开网络搜索，并参考工具包中的资源。

行动 8

实现预算自动化

自动化是最简单也最聪明的月度账单支付方式。你可以把自己的工资想象成一个中等尺寸的比萨（人人都喜欢比萨），这个工资比萨被预先切成大小不一的四块。假如薪资经理是外卖员，你可以要求他/她把每一块比萨送到不同的地点。如果你的雇主同意把你的工资发到多个账户，那你直接就实现了预算的自动化。

第一块被你立马吃掉了——也就是说这部分钱进入你的活期存款账户1（存款/支出账户），这是你的C类费用（现金支出）账户。

第二块掉到了地上，哎呀，该死！每次都会被狗吃掉。这些钱用于支付账单，也就是说进入你的账单账户（活期存款账户2），这些钱你还没有拿到（尝到比萨）就要花出去了！

第三块是应急资金，这一块能在你的"冰箱"里保存6个月。这部分钱存入你的储蓄账户1。

第四块要放入冰柜，即你的储蓄账户2。你可能要几年后才吃到这块比萨并且最终还能投资其中一部分。坚持下去，终有一天，你能实现比萨自由！

但这几块比萨大小不一，你需要自己决定每块的尺寸，并且可以根据新预算提前与薪资经理或人事部门沟通，再确定每块的大小。慢慢地，你做预算自动化会越来越熟练。我已经实现了账单、存款、投资甚至是捐款的自动化。

自动化的意义在于，它把会犯错的人从省钱和支付账单的过程中剔除了，如果这还不清楚，那我明说了，你就是那个会犯错的人！

如果你的雇主不能将你的工资分成多份并打入多个账户，或者如果你是个体经营者，那你可以自己手动设置。首先，在工资打入你的直接存款账户后，手动或自动把钱转入储蓄账户。你可能需要打电话联系银行或者亲自去一趟，但这都是小事，而且很多银行允许网上办理指定账户的自动转账。

接下来，你要设置定期账单的自动支付，例如租金、房贷、各种月度会员或订阅（不过你已经取消了那些你并不真正需要的订阅服务，对吧？）、车贷、学生贷款。这样你就不会有犯错的机会，而且只要账户里有钱，你就不会迟付账单！当然了，你要根据发工资日期设置自动支付日期，确保支付账单的时候银行账户里始终有钱。如果银行无法通过电子转账自动支付某一个账单（也许收款人没有设置自动接收付款），那在多数情况下，银行还可以开定期支票并帮你邮寄出去。

如果你的收入不太稳定，那你最好不要设置自动支付，但我还是建议你主动在网上支付这些账单，而不是等待账单寄来后再开支票邮寄。你要提前确保自己有足够的钱来支付账单！

你的任务：自动化是一门新学科。理财一定要利用自动化，因为它不会累，不会饿，也不会因为你忘记了它的生日而有情绪。你怎么设置，系统就会怎么自动操作，直到你让它停止。自动存款、转账、储蓄和支付账单（如果可能的话），以便在最大程度上执行你的预算。如果你的雇主可以把你的工资打入多个银行账户，那已经实现了一部分自动化。

预算天后建议：请注意，不到万不得已，不要让收款方拥有自动扣款的权限，也就是说，不要允许他们从你的账户向自己转钱，只有你才能主动发起付款。如果你是通过银行转账，那只有你才能决定你的钱的用途和去向。你的钱财你做主。

回顾

现在，我们已经学完了第一步，**你的财务系统完整性达到了10%**。我为你感到骄傲！你真的努力了。你研究了自己的收入、支出和存款，并根据财务生活中的重点制定了一份可靠的预算，这很了不起，因为这代表着你摸清了自己的财务状况，而这样的预算也将帮助你实现目标。所以你的预算正式完成了！

不要小看这个成就，你可以把这个消息分享给你觉得会为你感到高兴的人，比如我。大胆地在社交媒体上与我分享吧！我是无所不知的预算天后。

第三章

积极储蓄

目标
打造20%完整的财务系统

在财务世界里，你开着一辆车在两个家之间穿梭，一个家在陆地上，过的是普通的生活，另一个家在私人岛屿上，我们把它叫作财富岛。连接这两个地点的是一座用投资（第七章）搭建的大桥。但是，如果你想通过那座桥，你需要给车加油，但你的车需要的是一种特殊汽油——存款。

你存的钱越多，你可以投资的钱就越多，这样你就可以穿过这座重要的桥梁。谁不想搬到自己的财富岛上去住呢？

当然，存款不仅仅是汽油，驱动你未来的发展；也是垫子，在你跌倒的时候接住你；还是安全带，在车祸发生时保护你。毕竟，生活是不可预测的，你可能会被解雇或者因突发疾病而失业。但是如果你有一些存款，可以支付基本支出，那你就有时间去恢复、治愈自己，去改变和调整你的处境，然后恢复最佳的状态（该存多少钱？马上就讲到了）。

很多人自豪地告诉我，他们很善于储蓄。他们说，靠自己的储蓄买了豪华平板电视和最新款的时尚包包，还去了斐济旅行。如果这是事实，那他们确实很会储蓄，我为他们鼓掌；但是，如果他们把储蓄全部花在了非必需品上，那他们就称不上善于储蓄！

要成为一个善于储蓄的人，你要改变自己的习惯，从为花而存到为赚而存。一个好的储蓄者不到紧急情况是不会花掉所有积蓄的，并且会把钱存到专门的账户中。这就是更高的等级了，对吧？在本章中，我们将学习如何做到这一点。而且你要告诉你的朋友、家人和邻居，因为我们所有人都要乘着天梯去往更高的等级了！

计划

制订储蓄计划，以备不时之需，并用于实现个人目标

大家要知道，开始并坚持储蓄的目的主要有两个，一是帮你渡过难关，二是让你有能力投资。因此，我希望大家能改变心态，将存款视为抵御财务危机的工具，至少存下可以应付 3 个月基本支出的储蓄，以渡过危机，并且重新考虑自己的目标和对必需品的定义。

> 注：最好存下可以应付6个月的储蓄，但是如果你能存下3个月，你也可以存更多。这是一个好的开端。

行动

以下是帮你成为熟练储蓄者的 5 项行动。

第一，像松鼠一样行动。

第二，确定和计算你的储蓄目标。

第三，精打细算，削减到最基本的支出。

第四，学会谨慎消费。

第五，开设账户并设置自动转账。

行动 1

像松鼠一样行动

我居住在新泽西州，在这里，我们一年中既能享受最好的天气，也会遭遇最坏的天气。但即便这里有极端的高温和低温天气，不管你什么时候坐在公园里，你基本上看不到病恹恹的松鼠。它们不仅能生存下去，而且还能茁壮成长！为什么？因为它们会根据季节变化调整自己的行动。

在橡子丰收的季节里，松鼠不会四处玩耍，而是认真工作，疯狂地收集和储藏橡子。它们甚至会挖洞，把橡子放进去种植，为将来做准备，这听起来是不是很像投资？当冬天来临，无法再收集橡子时，它们不会双手叉腰站着吃惊地说："什么？！又到冬天了？"它们早就知道冬天即将来临，并为此做好了准备。这些聪明的小家伙藏进自己的小房子里，靠着自己在好天气里存起来的积蓄生活。所以说，它们是超级精明的储蓄者！

人类的行为与松鼠几乎相反。我们喜欢在情况好的时候大肆挥霍，很多人只管活在当下，毫不考虑未来。我并不是在指责任何人，我自己也经常这样，并且因此吃了苦头。

当我们享受这些美好时光时，我们天真地以为这些时光永远没有尽头。然而，当好时光结束后，我们又以为困难的日子永远都不会过去。所以我们更像是鸵鸟，把头埋在沙子里，拒绝接受事实——生活跟季节一样也是有周期的，更重要的是，影响生活的很多因素是我们无法控制的。

我想大家应该知道我要说什么了。我们需要像松鼠一样努力工作，在收入丰厚的时候多多储蓄，尽可能地精简支出，但也不用过度俭省。我们需要学习松鼠，因为每个人都会面临财务寒冬。你可能会失业，也可能会突然需要一大笔钱来支付医疗费用；也许你要帮助家人、修理汽车或者更换厨房里刚刚报废的一个大件电器。你知道这是事实，因为生活中确实会发生各种各样的事情，导致我们的用钱需求远超平日标准。

如果你没有为这个"寒冬"做好准备，你就要在大冬天出去艰难地筹钱，那时候寒风刺骨、雪花飘零，你可能会惊讶地发现，原来筹钱是这么难的事情。你就像一只孤零零的松鼠，独自出来到雪地里寻找坚果，而且必须要加倍努力才能有所收获。如果这个冬天格外寒冷和漫长，也就是说赶上经济衰退的话，你虽然工作更努力，但是回报更少了，而且你还要与其他也出来寻找坚果的人竞争，这一点儿都不好玩。

经济衰退的规律

我们大多数人对经济的运行方式几乎一无所知。我们知道经济会波动，所以也没有特别关注，但是当经济不景气的时候，我们就能够感受到压力了。

但我要跟大家分享的好消息是，即便你不太了解经济运行方式，你也能成为理财小能手。但是了解一些基本经济概念也没什么坏处，比如经济衰退，这是一个宏大的、听起来很可怕的并且经常被误解的概念。

经济衰退通常是指经济连续 2 个季度（或 6 个月）下滑，一般用国内生产总值（GDP）的下降幅度来衡量。

那国内生产总值是什么呢？国内生产总值是一个国

家和地区所有常住单位在一定时期内生产活动（电子产品、服装、玩具、汽油、水果与蔬菜、加工食品等）的全部最终成果，一般按年度统计。国内生产总值是个重要指标，能够反映一国的整体经济状况。因此，在经济衰退期间，如果国内生产总值下降，那就意味着人们对企业产品或服务的需求降低，收入和消费减少，失业率上升。总之，经济衰退就表示经济状况不容乐观。此外，还有比经济衰退更糟的情况——经济萧条，即经济衰退更严重、持续时间更长的情况。如果衰退超过两年，国内生产总值下降幅度更大，经济衰退就演变为经济萧条。

但经济衰退是经济周期的自然组成部分。在美国，每隔 10 ~ 15 年就会发生一次经济衰退。市场总是呈现周期性变化，人们甚至用不同的动物名称代指不同时期的股市。如果长期下跌，股市就会进入熊市，一般会出现经济衰退，投资者往往会撤资（像熊一样，站起来后退）。如果股市价格不断上涨并且预计还将继续上涨，那就出现了牛市。牛市一般持续数月甚至数年，在此期间，投资者对行情看涨，积极且激进（有人觉得松鼠市场好听吗，这可是我的"专利"！）。

季节、变化、波动或过山车之旅——怎么说都可以，这就是经济的周期性。这是不可控制的，而且经济出现波动也并不是因为你做错了什么。但是，如果你不为终将到来的寒冬做准备，那就是你的问题了。情况总是会发生变化的，如果你想要在现在和未来免受担忧，那你就应该做一只超级精明的松鼠，立即开始储蓄。

不过，人类并不是总像鸵鸟一样习惯逃避，我们有时候也很理性。例如，如果我们生活在洪泛区或经常遭受飓风袭击的地区，我们就会在自己的能力范围内建造抗灾能力更强的房屋和社区。我们架高房屋，加装飓风防护窗，或者将房屋建在屏障后。自然灾害是我们无法控制并且有可能会发生的事情，生活在这种风险地区，提前做些准备是能够缓解恐慌和恐惧的。

同样地，如果你坚持存钱以备不时之需，那即便发生最严重的问题（金融风暴），你也不会感到恐慌和恐惧。存钱是明智之举。

要像松鼠一样储蓄，首先要改变心态。你要明白，你现在赚的钱将支撑你度过顺境和逆境，丰年和荒年，而不仅仅是为了当下。

你的任务：我们要慢慢培养这种意识！开始思考如何能更像松鼠一样，做一个精明的储蓄者。在阳光灿烂的日子里，你本可以存一些钱，但是你没有抓住机会，你有没有做过这样的事情？回想一下，然后思考应该怎么做。接下来，列出你未来可能拥有的丰厚收入，例如，即将拥有的加薪或奖金、退税，以及经常收到的生日礼金或买节日礼物的钱（在此处谢谢奶奶）。你要把这些意外之财（橡子）存起来多少呢，思考一下。确定一个金额，然后记住这个数字！

预算天后建议：美国每隔 10 ～ 15 年就会发生一次经济衰退，查查上次经济衰退是什么时候，这样你就知道距离下次衰退还有多久，你可以尽快开始做存钱准备了。

行动 2

确定和计算你的储蓄目标

确定具体的储蓄目标很重要，不然你可能存少了，也可能存款的动机不对。在第二章中我们已提到，储蓄分为两类。

第一，应急储蓄。

第二，目标储蓄（以投资为主）。

应急储蓄

每个人都应存一笔应急资金，以防收入有变或者生活有意外支出（如医疗账单）。我的建议是，先存够至少可以支撑 3 个月支出的钱。为此，你要确定自己在最节省的情况下（A 类和 B 类支出总和）的月度生活成本，然后乘以 3——这就是你的应急储蓄初始目标。我称之为"面条预算"，我将在下文解释，不过这就是你要往应急储蓄账户中存的金额。

别担心，我不是说让你现在就往应急储蓄账户中转这么多钱，存这么多钱可能要几年之久。但是，你要先在自己的整体储蓄计划中设置这一储蓄目标，之后才有可能存到这么多的钱。我们将在下文讨论如何计算并将此计划付诸实施。

目标储蓄

我们前面已经提过，要为赚而存，而不是为花而存。想买东西是人之常情，你可以制订短期购买计划（如热门的新款运动器材）或者长期购买计划（如房子）。只要你已经有一些应急存款，并且一直在为了投资存款（见第七章），那我支持你留出一部分钱购买目标物品。毕竟，我们在制作预算时，已经为此留出了单独的储蓄子账户，而现在就要开始往这些子账户里存钱了。但是你必须要按部就班，采取明确的行动，始终关注具体的目标，避免冲动消费。

现在你要计算一下自己的应急需求，并确定未来想拥有的东西或者体验。

我们先来看应急储蓄基金。我以我朋友莫妮卡的预算为例。莫妮卡的预算中包括 A 类、B 类和 C 类支出，每月约为 5 000 美元。如果只算基本支出，即必要的 A 类和 B 类支出以及一部分 C 类支出，她大概需要 3 500 美元，乘以 3 等于 10 500 美元，也就是说，莫妮卡需要在她的应急储蓄账户中存 10 500 美元。

但莫妮卡手头没有这么多钱，她仔细思考了下，觉得自己应该能在 3 年内实现这个目标，用 3 年的时间能存够 10 500 美元来抵御金融风暴。

简单算一下，10 500（美元）÷ 36（月）= 291.67（美元 / 月）。

也就是说，莫妮卡需要连续 36 个月每月存 290 美元左右，这样存下的钱能够支撑 3 个月的基本支出，作为最低水平的缓冲。

算算你的金额，你要把这个每月存款额添加到已经做好的预算中。应急储蓄必不可少，属于经常性费用，所以归为 A 类。

我知道这看起来可能是一大笔存款，但如果你连续 3 个月都没有收入，看到自己的账户里仍然有钱，内心肯定会感到很宽慰吧！

接下来我们要谈谈你的目标储蓄了。

你存钱的目标是什么？这是你首先要弄清楚的事情。我在前面已经说过，你要想清楚这一点，这样才能保持专注，减少冲动消费。当然，你可以随时改变自己的想法，设定新目标，但是现在你要先确定储蓄目标，这样我们才能制订具体的计划。

假如你要购买某件东西，认真思考一下，你是现在就得要，还是可以再等等？

我们还是以莫妮卡为例。她想要存钱去度蜜月，她和爱人分摊费用，对于这趟奢华的加勒比之旅，她算着自己需要分摊 2 000 美元左右。不过离婚礼还有 18 个月，她还有很长的时间去存钱。

那莫妮卡需要往目标储蓄账户里存多少钱才能在 18 个月后享受海滨之旅呢？我们来算一下，2 000（美元）÷18（月）=111.11（美元／月），所以她每月要为蜜月旅行存 110 美元左右。

算算你自己要存多少，然后把算出的金额作为 A 类支出加到总预算中。在生活中的某个阶段，如果你需要靠应急资金生活，那就要把预算中的这项 A 类支出减掉。是的，我知道你真的很想买这个东西，而莫妮卡也是真的想去度豪华蜜月，但如果她遇到了困难，没办法每月存 110 美元，那她就必须要分清轻重缓急，你也是。

等等，你不会以为我忘了存钱投资的事了吧？要想成为真正的理财能手，你的计划里必须要有投资。可是，多数人总抱着一种消费主义心态，所以钱总是越花越少。如果你把存款优先用于投资，总有一天，你不仅有足够的钱去买你想要的东西，手里还能有足够的盈余。现在不知道怎么做没关系，我会在第七章里一步步地教你的。

说点轻松的，想到你这会儿焦虑缓解了、心头大石落下了、压力也减轻了，我就觉得高兴。这都是因为你花时间制订了一个计划，为生活中不可避免的低谷做好了准备。你做到了。你真是只聪明的松鼠！

你的任务：确定你的两类储蓄目标，即应急储蓄和目标储蓄。计算每月预留多少钱用于应急储蓄和目标储蓄（包括投资），把每个储蓄目标作为新账单列入资金明细表。确定各项目标的优先级，如果可能的话，设置每月自动将指定数额转入网上储蓄账户。

预算天后建议：3 个月很好，6 个月更好。大家应该还记得，我在第二章中说过，应急储蓄账户中的钱最好能够支撑 6 个月，而不只是 3 个月。我仍然希望大家将目标定为 6 个月或者更久，不过，存多少应急储蓄也要看你所做的工作。

例如，我母亲是一名护士，不管整体经济状况如何，市场对护士的需求总是很大。如果她失业了，她可以很快再找到工作，所以 3 个月的应急储蓄对她来说足够了。

而我的姐姐则是一名工程师，她花了两年时间才找到现在的工作！所以她需要更多的应急储蓄，能够支撑 6 个月到 1 年的时间，因为如果她被解雇，她可能需要较长时间才能找到类似的工作。

最后，如果你用应急储蓄来支付账单，或者停止向这个账户自动转账，那一定要记得尽快补充存款。

过分俭省和过度储蓄的问题

我不赞同过分俭省和过度储蓄——是的，我知道一个自称预算天后的人这么说很奇怪。

我 20 来岁的时候就懂得了平衡储蓄的重要性。我初为人师的时候（第 3 年），买了一套新公寓，并且把能省的钱都省下来了。我当时觉得自己很负责，我不出去玩，也不注重外表，把所有不用付账单的钱都存到了储蓄账户里。

然后，有一天，我父母叫我回家，说有事跟我讲。他们说我看起来很糟糕，问我是不是出什么事了（捂脸）。他们把信用卡给我（生平第一次），让我去买点新衣服，因为他们觉得老师的工资太低了，所以我才穿得这么寒酸。哎呀！我父母根本不知道我当时已经存了4万美元。这是我在大约3年的时间里，靠3.9万美元的教师年薪和家教与保姆兼职存下来的。但说实话，我当时并不开心。我从来没有去旅行过，没有享受过，也没有跟朋友出去玩过。我那时才认识到，人要为具体的目标存款，而不是为了存款而存款。如果你心中有目标，你就可以确定每月为这个目标存多少钱，而不必多存。

存钱太多也可能是一个问题。我在前言部分提到过，我在经济衰退期间被小偷杰克骗了钱，导致我产生了强烈的财务恐惧，直到几年前，我还是会过度储蓄。我真的把几年的收入都存入了一个网上储蓄账户。

这听起来可能很好，可是当你存到一定金额后，你实际是在亏钱的，因为你储蓄账户里的钱并没有增加。你通过存款获得的利息是跑不赢通货膨胀（物价上涨，货币的购买力下降）的。也就是说，如果你不投资赚钱，你的钱会年复一年地贬值。平均来说，通货膨胀会导致物价每20年就增长一倍。如果你不做投资，你的钱会越来越少。

你可以把你的钱想象成一棵树，如果它不生长，那它就会死亡。所以你只用为具体的目标和紧急情况存钱，多余的钱都应拿来投资。

行动 3

精打细算，削减到最基本的支出

你已经列出了各类储蓄目标，以及每月要为此存的数额。那现在的问题是，钱从哪里来呢？

为了回答这个问题，我们要再来看你的初始预算（资金明细表），上面有可以转入储蓄账户的钱吗？如果有，那非常好，如果没有，那我们就制订一个计划，即"面条预算"。

什么是面条预算？我前面已经透露一些了，你能猜到吗？其实就是你的基本支出预算，你要问自己：我每月维持生活至少要多少钱？也就是说，如果我每月只吃面条度日要花多少钱？

我说的可不是时髦餐厅里的高级货，而是有小包配料的袋装便宜方便面！当然，如果你不喜欢方便面，你可以换成适合自己的"救命"食物：米饭配豆子、猪肉配豆子、意面或者花生酱配果冻。

之所以做面条预算这个练习，是为了看看在迫不得已的情况下，你能从预算中削减多少钱并且还能活下去。最终目标不是按照面条预算生活，而是确定哪些支出可以被削减，尤其是在存款不足以支撑 3 个月基本支出的情况下。

我们再回到莫妮卡的例子上，看看她怎么从每月 5 000 美元的常规预算减到 3 500 美元的面条预算。

莫妮卡每月的正常支出包括房租、生活杂费、车贷、车险、油费、食品杂货、娱乐（外出就餐、电影、酒吧）、美容费（水疗、美发），总计 5 000 美元。

莫妮卡的面条预算包括房租、生活杂费、车贷、车险、油费、食品杂货，没了，总计 3 500 美元。

在面条预算下，莫妮卡自己做饭，自己做指甲和头发，娱乐和消遣就靠网上和自己社区的大量免费资源。不过她现在还没有到按照面条预算生活的程度（谢天谢地），这虽是个假设性计算，但是让莫妮卡认识到，如果她存不够钱（每月 290 美元左右的应急存款和 110 美元左右的蜜月存款），她可以削减一些不必要的支出。如果突然失去工作，她也可以转而过上成本更低的生活。

你可能跟莫妮卡一样，并不需要过面条预算下的生活，但你应该知道面条预算什么样。如果你有一天遇到财务危机，你就可以迅速地"精打细算，削减到最基本的支出"。在理想情况下，这种调整只是暂时的，但是这个"暂时"也有可能比你预想的更久。我在经济衰退期间失去工作又遇到小偷杰克，之后两年过的都是面条预算下的生活——并不是因为我想这么做，而是我要度过人生中的财务低谷所不得不做的事情。

但记住，我并不是要大家过分俭省。大家在实现了储蓄目标之后，并不需要过多存钱。你可以使用面条预算来确定哪些钱可以省，以实现储蓄目标；也可以在真正紧急的情况下按照面条预算生活，以渡过困境。在你确实需要按照面条预算生活的时候，你就当作自己是在做节俭度日的实验，现在省钱，以便未来气定神闲。

你的任务：计算面条预算没有什么技巧。拿出你在第二章制作的预算，逐个查看资金明细表中的各项，问问自己：我需要花这笔钱来保持自己的健康和安全吗？我是否要基于合同义务支付这笔费用？如果我不支付，我的信用分数是否会降低？

如果你的回答是肯定的，那这项支出就保持不变（也许）。你可以继续问自己：如果我暂时不花这笔钱，我的健康、安全和财务也没问题吧？如果答案是肯定的，那这就不是必要支出，你可以在面条预算中减少或去掉这笔支出。

预算天后建议：如果你幸运地获得了一些意外之财，那该怎么办呢？有时候我们确实会意外地得到一些钱财，是我们根本没想到会收到或能省下来的钱。我们一般不会把这种意外之财用于日常支出，所以也不会把它记入预算的收入里（如第二章所做的，但你现在有新预算了，对吧？）。意外之财可能是加薪、退税、退还款、礼金、你在街上捡的20美元，也可能是你买衬衫的时候以为是正价，但结账的时候才发现是大减价，省钱了！或者，你在快餐店的汽车通道买午餐时，前面的人悄悄帮你结了账。不管哪种情况，意外之财都令人开心！

如果你已经开始向松鼠学习，那你收到意外之财后的第一个想法应该是：我的应急资金存够了吗？如果没有，那么聪明的松鼠会立刻把意外之财存进这个储蓄账户。所以，获得意外之财后，马上用手机或电脑转账，把同样的金额存到账户里去。例如，你跟闺蜜一起出去吃午饭，你本打算付自己25美元的饭钱，而她说，"我请你"。哇，意外之喜！你本来要花25美元的，所以就当这钱已经花了，花到了你的存款上。你也可以用这个钱还债，我们会在后面第四章讨论债务相关内容。金额再小那也是意外之财，朋友们，一定要攒起来，聚沙成塔，会有效果的！

行动 4

学会谨慎消费

计算面条预算是控制支出、增加存款的一种方法，但还有另一种方法，即保持谨慎。人们不是常说吗，在说出一些以后可能会后悔的话之前，先数到 10。我要说的也是这个。花钱之前，先问自己 4 个简单的问题，顺序如下。

我需要它吗？我热爱它吗？我喜欢它吗？我想要它吗？

预算天后手环

我认为这 4 个问题非常重要，所以我把它们戴在手腕上。是的！你看到过我戴一串绿色腕带的样子吗？那些就是我的预算天后手环，上面印着"需要 > 热爱 > 喜欢 > 想要"。我把它当作提醒工具，并且还会分享给别人，帮助他们在消费时保持谨慎。你用哪只手付钱就戴在哪只手上，当你拿出现金或银行卡的时候，你就能看到这个手环，我希望你能听到我在旁边问你：你需要它吗？你热爱它吗？你喜欢它吗？你想要它吗？

如果我们什么时候见面，可以找我要一个手环。我总是随身携带很多，以便随时送给追梦人。

需要排在第一位，这不言而喻，因为食物、住所和衣服等都是必需的。不过对衣服的需要主观性有点强，所以我们这里说的衣服是真实的需求，是有衣穿，而不是穿得好看。

前面我们将资金明细表上的支出分为 A 类、B 类和 C 类时已经说过，要确定你是否需要一件东西，你要想想把钱花在上面能否加强或维持健康和安全。

例如，你在精品店看到一件裙子，你觉得自己必须拥有它，那你就要问自己，我真的需要它吗？如果不买，我会不健康吗？我会不安全吗？你应该知道答案吧。

再例如，我需要给汽车加油。我真的需要吗？答案可能是：是的，加了油我才能开车去上班，上班才有钱支付账单，这样我自己和家人才有饭吃。

所以汽油就属于需要，在制作预算的时候要优先考虑。但是，如果你要自驾去拉斯韦加斯旅行，那汽油就不属于需要了，所以养成谨慎消费的习惯是有好处的。

热爱排在第二位。我觉得，热爱的东西就是那种能给我带来长久喜悦的东西。也就是说，在未来的 6 个月、1 ~ 5 年中，如果我仍然能够感受到这次购买带给我的快乐，那它就是值得的。这是个很好的小测试，如果你坦诚面对自己，那你真的能避免浪费！

那怎么确定你热爱一件东西或一项体验呢？想象一下，如果你跟奥普拉①一样有钱（咳，想想总是可以的），你要去做什么大事？例如，先去大肆挥霍一番，去买各种自己并不需要可能也并不喜爱的东西。但是当你习惯了她那样的富贵生活后，你可能会思考得更

---

① 奥普拉·温弗瑞（Oprah Winfrey），美国演员、制片人、主持人。除制作和参演电视剧、电影，奥普拉还出版书籍、创办杂志和个人有线电视网。截至 2021 年 4 月，奥普拉·温弗瑞以 27 亿美元财富位列福布斯全球富豪榜第 1 174 名。——译者注

全面也更具创意。到时你又会做什么，或者去买什么呢？我举这个例子不是想让大家因为没有奥普拉那么有钱而感到沮丧，而是想让大家去自由畅想拥有无限资源的情况。你可能会想，哇，如果我财力无限，我要去旅行、创业、多陪陪孩子。所以当你不再面临财务限制，你就能跳出日常事务的圈子。如果你想花钱购买的某件东西能够带给你这样的感受，那它就是你热爱的东西，是值得购买的。

喜欢的东西能带给你短暂的快乐，你要承认，它们带来的是当下的快乐，并不持久。在这种情况下，你要问自己：再过 3 ~ 6 个月，这件东西还能带给我快乐吗？

例如，你可能很喜欢吃海鲜，也有一家海鲜餐厅你特喜欢，但是 3 个月后，你再想到那顿饭，还会觉得那是一次难忘的经历吗？如果你是一个吃货，而上次你吃了海鲜餐厅最好的海鲜，那你的回答可能是：对，3 个月后我还是会提到这顿饭，花这笔钱太值了。好的，那这就是一次你"喜欢"的经历。我们的目标就是确定对你来说最重要的东西。

想要的东西是你一时心血来潮想要、能够在当时带给你短暂满足或者满足你某些个人需求的东西。这些东西并不会带给你太多快乐，它们都是你未经思索买回来的。比如说，我经常买小蜜蜂牌子的唇膏，我很喜欢它的质感和外观，我在每个抽屉、每个包包和每个口袋里都放一支。其实，只要我不弄丢，一支可以用很久，我也不用一直买！所以我就让自己多留心，记住我已经有很多支了，不需要再买了。总之，买之前先停下来，审视一下自己的这种冲动，这样我就能想起来自己有的唇膏，再买的时候并不会感到兴奋。对我来说，唇膏并不能带来真正的快乐，它只是一时的冲动消费。

如果你把钱花在你需要和热爱的东西上，而不是你喜欢和想要的东西上，那你的生活就更有意义。当你学会区分这些不同时，你就能自己去定义更有意义的生活。这是我的亲身经验。

前些年的时候，我的朋友们很喜欢组织早午餐会，我们几乎每周日都聚会。每周一次的早午餐会成了我们的传统，也是我们这群人每周的相聚机会。但对我来说，每周都跟姐妹们出去玩真的很难。我很喜欢跟朋友们见面，但是前面我也说过，我在喜欢和想要的东西方面比较节省。我那时并不喜欢早午餐的食物（现在也不喜欢），至少没有喜欢到每周都想花钱去吃的地步，所以我内心很煎熬。

后来，我渐渐意识到，我真正喜欢做的事情是旅行。然而，在那个时候，我已经两年没有出去玩过了，因为我没有钱。那我为什么每周还要花 30 美元去吃一顿不吃也可以的饭呢？

我决定不再去早午餐会了，而是开设了一个旅行账户。每次我的朋友请我参加早午餐会，我都找个理由不去，然后往我的旅行账户里存 30 美元，这样存钱就像是玩游戏一样。

不去参加早午餐会后，我很担心会和朋友疏远，怕她们会因为我不跟她们一起玩而生气。但是呢，我还会经常见她们，只不过换了其他方式。我们以其他方式、在其他地点见面，我觉得我们的关系仍似从前。我不去餐厅、不花那笔钱并不意味着我不能拥有美好的体验。

我连续 6 个月没有去早午餐会，而是悄悄地把钱存到了我的旅行账户里。有一天，我接到了一位朋友的电话，她在安排当天的早午餐会时间，问我去不去，不过她们都知道我应该不会去。我想她们大概都觉得我很抠。我对她说："我晚点给你回电话可以吗？我现在新墨西哥州的阿尔伯克基①，马上要去坐热气球了。"她听了很

---

① 阿尔伯克基（Albuquerque）是美国新墨西哥州的最大城市，从每年 10 月的第一个周末开始，该市都要举行为期一周的国际热气球节，来自世界各地的热气球爱好者在这里放飞形状各异的巨大热气球。——译者注

意外也很高兴。看吧，我存够了钱飞去阿尔伯克基（世界热气球之都），把钱花在了我所热爱的事情上——旅行，而且还完成了清单上的一个愿望：坐热气球，感觉非常好！

我放弃了早午餐会，但是得到了实现愿望的机会，能够去坐热气球，去摩洛哥、法国、尼日利亚以及其他 30 多个国家旅行。我能够去旅行，去体验我所热爱的事情，这彻底改变了我的心态，这种改变一直伴随我到今天。

我甚至也改变了拒绝的方式——我不再编一个莫须有的理由来逃避早午餐会，而是直接坦诚地说："我很想去，但是我在存钱，因为我过几个月想去希腊的圣托里尼和土耳其的伊斯坦布尔旅行。"

结果呢？我的朋友们不仅不会（可能）觉得我很抠，反而会说："我的朋友太厉害了，到处旅行！我也想去希腊！"

我热爱旅行，它让我的生活更有意义。但我不是说旅行也会让你的人生更有意义，我希望你能找到给你带来长久快乐的东西，把钱花在上面。这是你的选择，选择你所爱，选择更有意义的生活。

你的任务：仔细研究一下你的钱花到了哪里。人们很容易固守习惯而不去质疑，所以现在就要问问题了！你花在喜欢的和想要的东西上的钱比花在热爱的和需要的东西上的钱更多吗？整体看一下，然后把能分类的分类（这更像是个脑力练习，并不需要实际的数据）。

看一下哪些喜欢的和想要的支出可以省下来，用于购买需要的和热爱的东西。找一支永久性马克笔，把你最热爱的东西写到银行卡或信用卡账单的正面，看看你的支出是否与此一致。我还打印了一些迷你贴纸，上面分别写着：需要它吗？

热爱它吗？喜欢它吗？想要它吗？我收到新的信用卡和借记卡后，就会把这些贴纸贴到激活标签的位置，我称之为"灭活标签"，提醒我把钱花在让自己真正快乐的东西上。

预算天后建议：在未来 6 个月中，你要购买你热爱的东西吗？选择两件。对我来说，最热爱的两项几乎总是旅行和工作。

你热爱的是什么呢？把这些目标写下来吧！你可以在往应急储蓄账户中存钱的同时为这些目标预留资金。我们当然要去追求梦想，我只是希望大家能同时未雨绸缪，为困境也做好准备。

确定你所爱之物的价格后，再确定你还要多久才能拥有它，然后用时间除以价格，得出的就是每月的储蓄目标。

例如，你想去斐济，这次旅行需要 5 000 美元，你想在 2 年内存够钱。5 000（美元）÷24（月）=208.33（美元／月），所以你每个月存 200 美元就差不多能实现这个目标了！

热爱让生活闪闪发光。你还会发现，有些热爱根本不用花钱或者成本远低于你的想象。

行动 5

开设账户并设置自动转账

确定储蓄目标后，你要开设专门的储蓄账户并设置每月自动转账。如果你在预算一章中留心了的话，你可能已经开设了这些账户，即便还没有往里面存钱，那也是迈出了非常好的第一步。

那什么样的账户最好呢？当然是利息高、不能随时取钱并且能够确保资金安全的账户，符合所有这些条件的账户就是网上储蓄账户。

我在第二章中提到不建议在实体银行存钱，但有些人可能没有细读那一章，所以我就重申一遍，实体银行提供的利息少得可怜，年利率只有 1 厘不到，知名实体银行的存款利率基本都是这个水平。

所以我才推荐大家把钱存入网上银行，这样多少还能赚一点利息。网上银行没有分行，所以就没有实体银行那样的营运费用，节省下来的费用就能转化为更高的存款利率提供给储户。

网上账户取钱不方便，这样才能存下钱。为什么呢？因为如果不方便取钱，就不会冲动消费呀！比如说，你本来是去超市买厕纸的，走着走着却走到了卖鞋区，然后完全忘记自己是来买厕纸的，而是排队买了两双漂亮的鞋子。你是不是也这样？

你用手机登录实体银行账户，看有没有足够的钱买鞋子，却发现账户余额只有 60 美元，而鞋子价格是 100 美元。如果你在同一家实体银行开设了储蓄账户，那你应该会像以前的我一样：用手机转账。叮叮！钱转过去了，你马上就能用这 100 美元买下临时起意想要的鞋子。这也太方便了。

但是，如果你的钱存在网上银行，你至少要等 24 小时甚至是 72 小时才能将钱转到实体银行的活期账户。

不过，你也可以选择不花这笔钱，而是对自己说："虽然很漂亮，但我其实并不需要这些鞋子（或亮片枕头或一包带有彩笔的 20 本记事本——超市什么好东西都有）。"

正是这种不方便能让你省钱。不过，如果你真的非常喜欢这些鞋子，你以后也可以再来买，但 24 小时的延迟能迫使你去思考自己是否真正需要或喜欢它们。如果是，那你就转账然后把鞋子买回来。但我觉得你肯定不会，因为如果你需要等待并且停下来考虑，那你很大概率是不会再回去买的。

跟自己玩这种游戏，听起来可能有点傻吧。可是，即便我们自制力很强，花钱的考验和诱惑总是无处不在，如星巴克的打折杯子，药店的一元商品等。

有时候，当你在谷歌上搜索东西时，你可能看着看着就开始翻看常用的社交平台，然后突然看到了另外一件东西的广告，或者其他类似的东西，这不就是那件东西吗？你需要的东西！你最好现在就把它买下来，因为现在有折扣，只剩下 3 分钟了！

你要想好好存钱就必须比这整个体系更聪明。好好存钱就是把你的钱存在一个安全并且不能立即取出的地方——网上账户中，避免冲动消费。

我知道，如果把钱存到实体银行，你需要的时候可以迅速拿到，这令人安心。相反，如果不能马上取钱，你又会感到不安。但是，取款不方便对你和你的钱来说都是好事，如果说距离产生美，那距离也会产生更多存款。

话虽如此，但各家网上银行是不尽相同的！你要找一家符合以下标准的网上银行，以确保你的资金安全无虞。

- A 级：银行评级是根据资产质量、收益、风险敏感度、流动性以及可用的流动现金确定的。你要把钱存到评级为 A 的银行，我等下就会告诉大家如何找到这样的银行。
- 在联邦存款保险公司投保：联邦存款保险公司是一家政府机构，保护投保银行的资金和存款。也就是说，如果你存钱的银行破产，联邦存款保险公司会确保你仍然能够拿到你的钱（不超过 25 万美元）。多数银行都在联邦存款保险公司投保，但最好还是确认一下，各家银行的网站上都有相关信息。

- 规定存款额较低：一些银行规定，如果要开设新储蓄账户（或者免开户费），至少要存一定数额的钱；但也有很多银行对于开户没有任何存款额要求，所以你就多看看，对比一下。
- 没有余额要求：一些银行规定，要想享受银行提供的高利率，必须确保账户里有一定的余额。这种银行不好，不适合我们。如果你觉得自己无法维持这个余额，那就选一家没有余额要求的银行，这样，不管你在银行里存多少钱，只要账户里还有钱，你就能享有银行宣传的利息。
- 高利率：钱存入储蓄账户后，当然赚的利息越多越好。储蓄账户的利率一般都不太高，各家银行的利率水平也相差无几。但平均而言，网上银行的利率要高于实体银行。高一点也是高啊！

开设网上储蓄账户并开始存钱后，你还要做另一件重要的事情：设置每月自动转账。这超级简单，只需输入你的活期账户信息（把这个账户里的钱转入储蓄账户，我建议用存款 / 支出账户）和你的期望存款金额。仅此而已。然后点击完成！设置好之后就别再管了，开始存钱。

你的任务：使用工具包来寻找最合适的网上银行，里面有我审查过的网上银行以及所有的相关信息，你可以快速地对比选择。你能够看到银行的等级，记住只选 A 级的银行！再选出规定存款额和余额要求较低、能提供最高的利率，并且在联邦存款保险公司投保的银行。

选定心仪的银行后，你就可以开设账户，然后设置好自动转账，你便开始为自己的目标存钱了！跳个舞庆祝下吧！你已经朝着理财能手的方向前进了。

预算天后建议：把活期存款账户 1（存款／支出账户）跟网上储蓄账户 1 和 2（应急储蓄／短期储蓄账户和目标储蓄账户）关联在一起后，你可以将最近收到的一部分工资转过去作为第一笔存款。哦耶！如果你比较幸运，你的雇主同意把你的工资分开自动存入你的储蓄账户中，那就太棒了！但是如果没有，你就要自己手动将钱从活期账户转入储蓄账户。但在转账之前，要先确认一下转账费用。跨行转出资金的话，很多实体银行会收取手续费，但是如果跨行转入资金，很多网上银行是不收手续费的。如果你的实体银行收取转账费用，那一定要从网上银行发起转账，这样可能是免手续费的。重点是要确认哪家银行提供转账服务，然后选择免费转账的那家（一般都是网上银行）！

回顾

我希望大家已经开始像松鼠一样思考，储藏橡子，以便安然度过财务寒冬。

你知道面条预算了吗？每个人都有面条预算，你一定要熟悉自己的面条预算，这样万一你需要精打细算，削减到最基本的支出，那你也能提前有所准备。

如果你要储蓄，那一定要分为两类：应急储蓄和目标储蓄，而且储蓄账户也可以用于为财富投资（见第七章）。记住，你的目标是从普通生活的陆地穿越到财富岛，你要通过投资建造一座桥，并且利用储蓄来给车加油，来跨越这座桥。

辛苦了！**你的财务系统完整性已经达到了 20％！** 没想到吧，你竟然想向松鼠学习，但你做到了，那就疯狂一下，好好奖励奖励自己。存一些钱用于你想做的事情，但是不要太破费，也不要动用应急储蓄。

第四章

摆脱债务

目标
打造30%完整的财务系统

债务……这个话题有点沉重！如果你负债累累，那确实沉重，毕竟债务就是压在人身上的重担。别忘了，我曾经就背负着 87 000磅重（52 000 美元的学生贷款和听信小偷杰克带来的 35 000 美元信用卡债务）的债务！不过，我最终还清了债务，彻底实现了无债一身轻，我将在本章中分享我的方法。我保证，等你完成本章中的步骤，你身上的担子也会有所减轻！

首先，你要改变自己看待和谈论债务的方式。如果你欠某人（或某公司）的钱，你说我有债务要偿还，这可以，完全没问题。但很多人有时候也会说"我身陷债务"，不要再这么说了！因为债务不是一个地点，我能帮你制订计划来偿还债务，但是我不能去你陷进去的地方接你或者开车送你回家，好吧？更重要的是，如果你觉得自己"身陷"债务之中，那你很有可能会被困在那里。

另外，我们要说清楚，无负债不等于有财富，这一点很重要。毕竟，我 4 岁的外甥罗曼虽毫无负债：没有车贷，没有房贷，也没有学生贷款，但他跟多数幼儿园小朋友一样，身无分文。

最后，请记住，实现无负债是一个目标，但不是最终目标。减少债务主要是为了让你有多余的钱来增加财富，这才是最终目标。

专注于债务就像是全力去填平地面上的坑，而专注于财富则相当于在坑里种树。如果是我，我更愿意去关注树的生长，而不是一心只想用土去填坑，你呢？

当然，偿还债务是实现财务完整的一部分，但也只是整体的一部分。如果你把全部精力都放在偿还债务上，那你可能会错过为退休生活和长远财富投资的机会。

计划

确定最适合自己的债务偿还计划，然后设置自动还款

你已经创建了资金明细表，所以你现在对收入项目的整理和分类已经得心应手了。现在，你要运用同样的技巧创建一个债务明细表，并基于此制订最有效的计划，以减少或彻底还清债务。

行动

以下是你摆脱债务需要采取的 4 项行动。

第一，确认你的债务。

第二，重组你的债务。

第三，选择还款计划。

第四，设置自动还款。

行动 1

确认你的债务

现在我们要使用债务明细表来确认你的债务，你可以参考工具包和附录中的债务明细表模板（见附表 3），其中包括下列内容。

1. 债务名称。债权人或机构的名称，或者所欠债务内容。你可以在这一栏中填入奶奶（如果她有借钱给你）或者信用卡（如果你有），但是要单列每张卡，还可以把抵押贷款和学校贷款等项目逐行列出来。尽量写得具体一些，这样一眼就能看出来你欠谁钱，但是如果你习惯用一些缩写代指这些项目，你也可以填入缩写。

2. 债务总额。每笔债务当前的欠款额（不是最初的借款金额）是多少？填入这一栏。在信用卡账单上，这一项可能显示为"最新余额"或"贷款余额"，是指截至账单日期的欠款总额。

3. 最低还款额。这是你（每月）需偿还的最低金额，否则账户可能会被收取滞纳金。注意：仅支付最低还款额的话，你未偿还的那部分欠款还是有可能被收取额外利息。

信用卡账单上的最低还款提醒是怎么回事

如果你仔细查看过信用卡账单，你可能会注意到上面有一个最低还款提醒，内容不外乎是"如果你仅支付最低还款额，那你需要 7 000 年才能还清余额"之类的话，好吧，也许不是 7 000 年，但应该是很吓人的大数字！这一细节要归功于 2009 年美国的《信用卡法案》，根据该法案规定，信用卡公司需要在月度账单上附上此类信息。这种信息透明对消费者有益，因为我们不用查询就能知道在只支付最低还款额的情况下，什么时候会被收取费用或者要偿还多少利息。这些文字并不是为了吓唬你，而是为了提醒你，制订并坚持实施还款计划是能帮你省不少钱的（还款计划具体说明见本章行动 3）。

4. 利率。利率是债务的重要组成部分，所以我想花点时间讲一下，确保你们了解这一概念以及利率和年利率（APR）的区别。根据美国消费者金融保护局的说法，相比于利率，年利率能够更广泛地衡量借贷成本。年利率可以是利率、房贷经纪人费用（如果你买房），也可以是你申请贷款时支付的其他费用。因此，年利率往往比利率高。利率是你每年借钱的成本，用百分比表示，其中不包括手续费或者其他贷款相关的费用。

当你从银行借钱（贷款）或用信用卡购物（因为你没有足够的存款去支付，所以你从签发信用卡的银行借钱，这也是贷款）时，贷款机构／债权人会收取一定的费用，所以你的还款金额略高于（或远高于）贷款金额，这就是利率。

你的银行或信用卡账单上列出的利率（或者你和奶奶商定的利率）是指贷款费用占贷款余额的百分比。值得注意的是，当你贷款时，你就相当于把未来的钱和未来的收入花在了今天。

年利率基本上就是你从一家公司借钱的成本，利率和年利率（如适用）一般都清楚地列在账单上。如果你的债务有年利率，那就把年利率填写到债务明细表的利率一栏中；如果没有，就在这一栏中填写贷款时的利率。

利率用于计算你贷款一年（365 天）的日利息。例如，你的某张信用卡的欠款为 2 000 美元，利率是 20%，那么这笔钱每日都会产生利息和复利。并且，你没有偿还的钱会一直产生利息。也就是说，你不仅要付本金的利息，还要付利息的利息，没错！如果你既有欠款又有欠息，那就会产生复利。复利是原始欠款加应计利息的利息。

让我们分解计算一下，来看看什么是复利。假设欠款为 2 000 美元，利率为 20%。

首先，用 20% 的贷款年利率除以一年的天数。

$$0.20 \div 365 = 0.000\,547\,94\ （日利息）$$

然后，用这个数字乘以日均贷款余额（假设该月余额保持在 2 000 美元）。

$$0.000\,547\,94 \times 2\,000 = 1.095\,8\ （美元）（贷款每天产生的利息）$$

最后，用这个数字乘以账单周期的天数，结果即为每月利息（31 天）。

$$1.095\,8 \times 31 = 33.97\ （美元）$$

所以，到月底，你的欠款总额为 2 033.97 美元。如果你不还清，下个月你就要支付这笔总额的利息。如果你只支付 33.97 美元的月利息，并且不再新增债务，那你永远都还不完 2 000 美元的债务，因为你始终都没有还这 2 000 美元本金。

如果你是投资人，那你可以充分利用复利，但作为借款人，你可要远离它。

所以，要想避免这种利息累积，你只能每月按时全额付清欠款。

如果你已经有欠款，那也不要惊慌，因为多数人都与你同病相怜，而且我们马上就要制订还款计划了！

5. 到期日。我上面提到的"按时"指的就是这个日期。简而言之，这是你的欠款到期的日子。不过别急！很多人都不知道，到期日是根据时区确定的！如果你住在加利福尼亚州（太平洋标准时间），但你的信用卡或抵押贷款公司在纽约（东部标准时间），那你就要按照东海岸的工作日时间还款，那里比加利福尼亚州早 3 个小时！如果你按照本地时间在工作日结束前还款，那你可能会错过截止日期，并且至少要支付一天的利息。晚了就是晚了，不管你多么接近截止时间，你都要缴滞纳金。

如果你打电话请求免除滞纳金，那贷款机构（银行、信用卡公司等）这次可能会放你一马。但这就像你被抓到过了宵禁时间偷偷溜进来一样，肯定是下不为例！

6. 账单截止日期。账单周期的最后一天，一般在还款到期日前 21 天左右，在账单上是一行字或者方框，如果你没有看到，打电话询问你的信用卡公司，这个日期很重要。账单截止日期是计算月利息和最低还款额的日期，信用卡公司会在这天生成你的纸质账单，或者将电子账单发到你的网上账户。

账单日期是有记录的，相当于带时间戳的证据，上面列明你欠该公司的所有债务，包括应计利息。与此同时，该公司还会将你的欠款记录发送给信用机构。知道这个日期的重要性了吧？现在就把这个日期填写到债务明细表的相应栏中。

7. 状态。你的还款情况如何？是按时还款还是已经拖欠了？把这个信息填入债务明细表。如果你有一张卡提供优惠利率（余额代偿或其他优惠），那你还要在此处记录优惠截止日期。

你的任务：将债务明细表填写完整。如果你还没有完成，请参考附录中的完整债务明细表空白模板（见附表3）和示例（见附表4）。

预算天后建议：有时候，即便记性最好的人也会忘记自己欠了谁的钱和欠了多少钱。也许你拖欠别人的钱太久了，最后忘记了你的欠款而停止还款。也或者是你以为自己已经还清并且停用了一张信用卡，但实际上，这张卡还可以用，并且还在收取年费（如果你不支付，年费将产生利息）！如果你可能面临其中任一种情况，或者你想确保已经把所有债务都填入债务明细表，那你可以免费获取信用报告，上面会列出你所欠的所有债务。请访问工具包了解免费获取报告的最佳方式。

谈谈收债人

收债人就是那些不管你有没有钱，都打电话要你还钱的神秘人。他们甚至会威胁要降低你的信用分数、扣押你的工资以及采取法律行动，总之非常可怕。

但不用担心，如果你做好准备，制定好策略，你可以应付多数收债人，甚至可以在与他们艰难沟通时保持硬气。

第一，有条有理。接电话之前把相关账单和之前的沟通笔记放在手边。你可以把它们整理到实体文件夹中，也可以归到电子邮件的同一标签下，或者放在电脑的文件夹中。

第二，按照自己的方式跟收债人沟通。记住，你没有义务随时跟收债人沟通。你是有选择的，所以要等到：

你在家的时候，因为跟收债人通电话的时候要注意隐私，千万不要在工作地点跟他们通电话。

如果不在家，那要去自在和安静的环境中，还是要注重隐私！

你感到平静的时候，不要因为愤怒或焦虑而让事情变得更麻烦。头脑冷静才能占得上风。如果你觉得自己生气或烦乱，那就找个借口，说下次给他们打回去。意气用事最容易犯错。保持理智和理性，要态度坚定，但不要蛮不讲理。

手边准备好纸笔，必须要做笔记。写下日期、时间、对方姓名以及讨论的具体内容。一定要在谈话开始时询问对方姓名和收款机构名称（如有）。

准备好草稿，列出你想说的内容、不想说的内容以及想问的问题。要知道，收债人会把与你的通话录音，所以你要确保通话按你的计划进行。

第三，提前做好研究。同意与收债人通话前，先了解你的权利和选择，可以上网查看以下内容。

1977年美国通过的《公平债务催收作业法》，保护消费者免受不正当收债行为的影响，并且广泛规定了收债人可以和不可以做的事情。

停止令模板：如果你不希望收债人再打你的家庭和

工作电话或手机，只想通过邮件沟通的话，你可以发送停止令。

债务确认书模板：债务确认书用于索取证据，证明相关收款公司确实购买/拥有债务，或者仅接收了转让的债务。在协商你的还款计划条款之前，先获得这份书面证明。

你所在地区的债务诉讼时效：债务诉讼时效是债权人可以向联邦法院提起诉讼，要求债务人（你）偿还未偿债务的最长期限。时效长短因地区而异，例如，在我的家乡新泽西州，循环债务（信用卡）的诉讼时效为6年。

如果债权人未在规定期限内对债务人提起诉讼，债权人将彻底丧失对债务人的索赔或起诉权。这意味着收债人将不再有权起诉你偿还旧债。

虽然你因为超过诉讼时效而不会被起诉，但你仍会收到收债人的骚扰电话和垃圾信件，因为未偿债务永远不会真正消失。如果他们还是打电话，告诉他们你知道债务已经超过诉讼时效成为僵尸债务，然后寄给他们一份停止令，让他们不要再联系你。僵尸债务是指法律上已经无效的债务，但是你仍然欠着这笔债务，所以它仍然存在，只不过你不会因此被起诉。

学生贷款延期：最好不要拖欠学生贷款，拖欠这笔贷款是最错误的一个财务决定，而且是完全可以避免的一个错误。就学生贷款而言，多数联邦贷款机构都非常乐意提供帮助，你可以轻松地在网上申请延期！如果你难以偿还自己的学生贷款，你可以重新融资，有关信息，请见本章行动 2 中的"学生贷款"。

第四，多多确认！收债人会试图让你承认你欠他们的债，然后不管金额大小，让你同意签署一个还款计划。你要注意：

当他们问你有关债务的问题时，先不要承认或表示同意。如果债务已经有好几年了（并且超过了诉讼期限），他们可能会想让你重启这项债务，但实际上他们已经没有法律依据去收取债务了。如果你支付部分款项，或者以书面、口头形式承诺付款，那就会重启诉讼时效。也就是说，你又重启了你的案件，而现在他们也有法律依据了。重新付款会让旧债变成新债，所以在跟收债人讨论细节之前，一定先要一份债务确认书。

不要毫无准备。接到不熟悉的收债人电话时，第一句话应该是："开始之前，我首先需要你证明你有权与我进行对话。你需要发给我一份债务确认书，这样我才能确定你可以合法地询问这笔债务。"只有收到他们的债务确认书后，你才可以谈论你所欠的债务。

第五，始终要求提供书面文件。如果有一天要上法庭打官司，你需要拿出对自己有利的证据。这种证据能帮你记住讨论内容和商定的内容，并在必要时帮你证明诉讼时效。

第六，一定要考虑自己的利益。给你打电话的收债人考虑的是公司的最大利益，而不是你的。他们是训练有素的专业人士，会想方设法让你说出特定的词句，这些话在未来会成为不利于你的证据。不要被他们礼貌和友好的态度蒙蔽。虽然如此，他们也不是你的敌人，他们只是在做自己的工作而已。

考虑自己的最大利益也意味着你可以表达对该公司的不满。例如，你可以说："你们试图用非法的手段威胁我来讨债。你们雇了一个锁匠非法锁上我的房子，骗这个锁匠说房子是空的，但我明明告诉你们这是我的主要住所。"

我就有过这样的经历！当时，我的银行试图非法收走我的房子，我在其中一次通话中就是这么对他们说的。

在经济衰退期间，我面临着失去房子的危险，我就利用银行对我的通话录音这一事实让他们承认自己的错误并为此负责。银行之后被起诉，而且因为经济衰退期间的普遍非法做法被联邦政府处以巨额罚款。

最后一点非常重要：你的力量超乎你的想象。运用这力量吧！

行动 2

重组你的债务

现在你已经统计了你的债务数据，那你就要寻找机会重组债务了。重组债务是为了想办法重新整理债务，减少利息，以此省钱。

这就像是整理食品储藏柜，你要研究一下里边所有的东西，确定哪些可以合并和消除。

重组债务有几种方法，不同策略适合不同类型的债务。下面我们要讨论的策略适合 3 类最常见的债务：信用卡债务、学生贷款和抵押贷款。

信用卡债务

1. 协商更低利率。一家公司借钱给你后，会不断地靠借给你的钱赚取利息。在合法的范围内，利率越高对他们越有利，但是利率低点他们也能赚到钱！换言之，银行或债权人并不想失去你这个付息客户，这是你的一点点筹码。所以，虽然发卡时确定了一定的利率，但这个利率并非不能改变，有时候你可以直接跟他们摊牌，要他们降低你的利率。

当然，不是说你一问他们就会降低利率，但打客户服务热线咨询一下总没有坏处。你可以这么说："你好，我 × 年来一直是你们的忠实客户，总是按时还款。但现在我想减少每月的费用，所以在考虑另一家公司的余额转移卡。我当然想首选你们公司，但是我目前的利率太高了，所以我想问一下我这张卡的利率是否有下降的空间。"

你的信用评分越高，他们同意你请求的可能性就越大。如果你想提高信用分数，一定要看第五章！

2. 转移你的余额。如果你跟信用卡公司协商降低利率未果，你可以采取你跟他们提到的行动：办一张余额转移卡，把债务余额从高利率卡转到低利率卡。这么做的好处是，如果你信用良好，这些卡会提供一段时间的零利率，这样有助你加快还款速度，因为在这个过程中你现有的欠款不会产生额外利息。这就像对家里人说："谁都不要再往洗衣篮里放脏衣服了！"然后争取尽快把已有的脏衣服洗完。

转移余额很容易，但你要先研究一下，选择最合适的卡。最好的余额转移卡应具备以下特征。

第一，提供至少 6 个月的零利率。有些余额转移卡能提供长达 2 年的零利率，但如果优惠期至少有 6 个月就值得考虑。一般是这么表述的：消费和余额转移开卡享受 6 个月的零利率。

第二，无余额转移费。查看余额转移卡说明中的费用细则，找到余额转移一栏，上面可能写着：对于开卡 90 天内转至账户的款项，每笔转账费用为转账金额的 3%，90 天后为每笔转账金额的 5%。没有转账费最好，但是现在一般都收取 3% ~ 5% 的费用。

要确定支付这笔费用是否划算，你可以计算一下在同时间段内使用旧卡的利息。假设你的欠款余额为 10 000 美元，当前利率为 20%，如果你使用这张卡 1 年，你要支付超过 2 000 美元的利息。

但是，如果你把余额转移到一张收取 3% 转移费的新卡上，你需要支付 300 美元，但是接下来 12 个月都是零利息，你可以抓紧时间偿还债务。那选择 2 000 美元还是 300 美元呢？想都不用想！这样的话，支付这笔费用绝对划算！虽然如此，在选择余额转移卡时，还要考虑以下 4 点。

- 新卡的信用额度可能低于你当前的欠款余额。例如，假设你的信用卡欠款为 10 000 美元，你申请了一张利率较低的余额转移卡。但是申请获批后你才发现这张卡的额度只有 5 000 美元（申请之后才知道获批的总额度，这很正常），不过这完全没问题！如果你接受这张新卡，你一半债务的利息就减少了。但要记住，10 000 美元的债务虽然分成了两半，但你两边都要继续偿还。
- 不要忘记支付新卡的最低还款额！在多数情况下，如果忘记还款，你可能就无法再享受余额转移卡的优惠利率，然后你基本上等于又回到了原点。

- 多数贷款方都有最低信用分数要求。你的信用分要在 670 分或以上才能获批。如果你的 FICO 评分在 750 分以上，你就能够享受最大优惠。需要提高信用分数吗？详见第五章。
- 最后，但也是最重要的一点，办理余额转移卡之前，询问一下利率优惠期结束后没有还清欠款的后果，具体问一下：到时新利率是多少？是否需要按照初始转账总额支付新利息？

对于某些债务，如果你在零利率优惠期内没有全额还清，你不仅要按新的更高利率偿还剩余债务，可能还要按新利率偿还初始转账金额。你必须要确定自己办的是不是这种卡，如果是的话就换其他卡，或者优先还完这张卡上的欠款。

我在工具包中分享了我的建议，以帮你找到最优惠的方案。如果你无法享受余额转移优惠，那你可以选择其他方法重组债务。

信用卡债务优先

我认为不用苛求实现整体零债务（更应重视退休和投资，详见第七章），但一定要尽快摆脱信用卡债务。信用卡债务就是我所说的高成本债务，因为很多卡的利率都是两位数，所以欠款的成本非常非常高。

3. 申请个人贷款。要偿还高息卡欠款，你还可以合并债务，然后从银行申请较低利率的贷款来一并偿还这些债务。在这种情况下，你可以选择去信用社申请贷款，因为信用社往往是非营利组织，而且更关注社区，所以能够提供较低利率，即便你还不是会员，你也可以在注册会员的同时申请贷款。

不管最终是否选择信用社，你在寻找合适的个人贷款机构时，要像选择余额转移卡一样。联邦存款保险公司会就安全性和稳健性对贷款机构进行评级，供公众参考。你最好选择评级为 B+ 或更高的银行或公司申请个人贷款。你可以访问联邦存款保险公司官网查看任一公司的评级。[①] 你要选择固定期限、固定利率和没有提前还款罚金的贷款，并确认是否有预付费，不要选有预付费的贷款！

选择个人贷款时，要考虑以下因素。

- 把你所有的信用卡债务加起来，计算你需要的贷款金额。如果零利率的卡上有债务，可以不用算进去，但是如果零利率优惠期即将结束，你可以在这张卡的利率上调之前把余额转移出去。
- 把你所有信用卡的利率加起来，然后除以卡的数量，得出平均利率。例如，你有 3 张卡，利率分别为 18%、21% 和 26%，那你的平均利率为 21.67%。查询各银行或信用社的贷款利率时，记着这个数字。个人贷款的利率必须低于你当前的平均利率，这样贷款才划算。
- 你要知道自己的信用分数，因为分数决定着你能申请什么样的个人贷款。如果你不知道自己的信用分数，你可以在工具包中免费获取 FICO 评分。查看自己的信用分数不属于硬查询[②]（会降低信用分），所以你可以随意多次查看。

---

① 读者可在我国相关网站了解国内详细的银行评级情况。——编者注
② 硬查询要求提供信用信息，包括个人完整信用报告，会导致信用分数降低。贷款机构和债权人会通过此类查询决定是否向申请者提供贷款。——译者注

你应该为房贷再融资以偿还其他债务吗

如果你有抵押贷款，你可以利用这笔贷款偿还债务，方法有几种：你可以套现再融资或者申请房屋净值贷款。如果你的房子有净值（抵押贷款余额和房子当前价值的差额），你可以通过套现再融资从房子中取出钱来，然后把一部分钱用于还债。如果申请房屋净值贷款，你可以用房子做二次抵押来获得一笔一次性贷款。这样做的好处是，有些房屋净值贷款利率低于其他债务合并方法的利率。这种贷款跟其他多数债务一样，也要按月分期偿还，直至付清。

不管你考虑哪种方法，你基本都要利用房子来偿还债务利息。这个方法虽好，但不要一上来就这么做！这其实是我最不喜欢的还债方式。再融资过程中往往会有半隐藏费用，导致很多人最终背负更多债务，因为他们重新开始使用已经还清的信用卡，导致债务又增加。我分享这种方法是为了让你们了解所有选择，但是我强烈建议你们不要这么做。

话虽如此，如果你真的陷入财务危机，别无选择，那你选择此类再融资方法时要尽量保持明智。如果你考虑申请房屋净值贷款或套现再融资，那就只取出还债所需的钱，确保再融资或贷款的利率低于你当前债务的平均利率。

学生贷款 [①]

如果你要通过再融资降低学生贷款利率，那你要先考虑一些具体因素，确定此举是否适合自己。

首先，你的学生贷款是私人机构贷款还是联邦贷款？如果你不知道，就打电话咨询贷款机构。

如果你的贷款是联邦贷款，那你的决定很简单：不要再融资！因为你不能对政府贷款再融资，联邦政府不为学生贷款提供再融资。国会确定联邦学生贷款的利率，而且多数利率是法定的固定利率，不管你的信用分数如何或者毕业后收入有多少，这些利率都不会改变。因此，你无法将联邦或私人机构贷款再融资为联邦贷款，不过你可以把联邦贷款再融资为私人机构贷款，但是千万不要这么做。

联邦贷款的好处在于，如果你残疾、失业或遭遇经济困难，你可以申请偿还期延展或债务延期（延期还款）；当你连续9次未付款才被视为债务违约（这会严重影响你的信用分数）；如果你在非营利组织等特定领域工作，你还可以申请债务减免。

而私人机构贷款跟其他类型的债务一样，不会因为你困难就为你延期，一次未付就会被视为违约，并且没有任何减免的可能。

如果你的学生贷款来自私人机构，你可以像处理信用卡债务一样处理贷款。你要知道以下3个数字。

第一，学生贷款总额（仅指私人机构）。

第二，这些贷款的平均利率（把所有利率相加，除以贷款的私

---

① 本小节中的方法大部分适用于美国居民，我国读者可借鉴思考，举一反三地运用。——编者注

人机构数量）。

第三，你的信用分数。

知道这些数字后，打开工具包，查看我分享的私人机构学生贷款再融资首选机构。我分享的公司评级都为 B+ 或以上，提供的贷款无融资费用（你向贷款机构支付的贷款相关手续费）。

如果你的学生贷款是联邦贷款并且你难以还款，我仍然不建议你变动贷款，否则，即便你可以少付利息，你却无法再享受上述的各类保护。你可以打电话说明困难情况，并且可以申请基于收入的还款计划或者其他现有的援助。

抵押贷款

如果你有抵押贷款，并且想要减少还款额，那最好的办法就是通过贷款再融资降低利率。自你申请抵押贷款以来，如果利率有所下降，那你也许可以（显著）减少你的还款额。

考虑是否选择再融资时，利率虽不是唯一相关因素，但你先看一下利率基本就能确定是否可行。即便新利率与当前利率的差额仅为 0.25%，再融资也是值得的，但最终是否可行，还要看贷款金额和费用，即再融资过程中的手续费。

房屋再融资的手续费一般包括信用报告费、房屋估值费、房贷利率点数（在贷款期内降低利率的费用，非强制性费用）、保险和税费、托管和产权费以及贷款人费用。在我写书时，房贷再融资的手续费一般是贷款额的 2% ~ 6%，根据贷款规模而定。

在再融资过程中，最令人讨厌的就是手续费。所以，你要确定的是——即便支付高额的手续费，申请新的低息贷款也划算。

怎么确定是否划算呢，你可以用手续费除以每月节省的钱，看看需要多长时间才能用新贷款把手续费抵消掉。

假设你的新贷款每月能为你节省 200 美元，手续费为 3 200 美元，那你 16 个月就能收回手续费，计算如下：

$$3\,200（美元）\div 200（美元）=16$$

一般来说，根据计算结果，如果 5 年之内收不回手续费，那就不要去再融资。

最重要的是，如果你计划在手续费收回来之前卖掉房子，那一定不要再融资。

缩短贷款期限是否可取

如果抵押贷款再融资可行，你可以选择期限较短的贷款，例如，从 30 年期贷款转到 15 年期贷款。这样，你可以更快还清贷款，只不过每月的还款额更高。如果你遇到经济困难怎么办？你付得起更高的还款额吗？

你可以继续选择期限较长的贷款，但是每月可以多还一些本金，这样也能更快地还清贷款，而且万一出现经济困难，也不必太过担心。你只需确保提前还款没有罚金，而且多还的钱能用于偿还本金（实际欠款），而非利息（费用）。

不论你做何选择，抵押贷款再融资的目标都应是降低贷款利率，减少每月还款额或者减少贷款期内的还款额。只要你的选择能帮你实现这两个目标或两者之一，那就没问题。

行动 3

选择还款计划

好的，现在是债务部分的重头戏——制订最佳还款计划！

偿还债务最常用的两种方法是雪球法和雪崩法，重点都是偿还部分债务的最低还款额，但方法略有不同，这一点从名字就可以看出来。两种方法各有优点和道理，我个人喜欢混搭。我们来看看吧。

雪球法是指不管债务利率高低，优先偿还小额债务，然后再偿还大额债务（就像动画中向下的雪球一样越滚越大）。

雪球法的最大好处在于你能快速取得成果——从小额债务还起，很快就能还清一笔债务，比任何其他还款方式都更快，这会给你继续前进的信心。你会想，哇，也许我真的能做到！

以下是雪球法的 7 个步骤。

第一，按照当前余额从低到高列出你的所有债务，你可以使用债务明细表来创建清单。

第二，计算你可以从预算中挤出多少钱来偿还债务，可参考第二章中的资金明细表和第三章中确定的可以节省的支出（假设是100美元）。

第三，除了最小额的一笔债务，清单上其他债务都仅支付最低还款额。

第四，自动支付最低还款额。

第五，对于第一笔债务（债务明细表中余额最低的债务），除了支付最低还款额，将省出的资金（例子中的100美元）也用于偿还这笔债务，每月如此，直至还清。设置自动转账，确保准时还款。

第六，当第一笔债务还清后，将用于偿还第一笔债务的所有资金转向第二笔债务。所以第二笔债务有3个资金来源：偿还该笔债务最低还款额的资金、偿还第一笔债务最低还款额的资金以及预算中省出来的额外资金（100美元）。

注意：如果你多还款，一些贷款机构（抵押贷款机构、汽车公司）会将额外款项用于下期还款，而不是用于偿还该笔债务的本金，甚至也不会用于偿还利息，这样可不行。要有效实施雪球法，你需要联系贷款机构，告诉他们把额外款项用于偿还本金（实际欠款余额），信用卡公司会在你还款的当月把资金全部用于偿还债务。

第七，还清第二笔债务后，继续把所有资金转向清单上的下一笔债务。坚持努力，直到你像我和罗曼（我4岁的外甥）一样过上无债生活。加油加油！

要成功运用这种方法，关键是要在支付最低还款额的同时，把预算中省出的资金全部用于偿还该笔债务（看吧，滚成雪球了）。这个方法的妙处在于，当你从小额债务还到大额债务，你能用于还债的资金也在不断增加，还清小额债务后，你能把用于偿还小额债务的最低还款额的资金转向更大额的债务。这能加快你偿还债务的速度，但其实每月用于还债的金额并没有改变，因为你用的还是从预算中省出的同一笔资金，一直支付着相同的最低还款额，每月还款的金额也是相同的。你只不过把所有的资金集中到了一起，只用于偿还一笔债务，明白了吧？好的！

雪崩法是指不管债务余额高低，先还清利率最高的债务。先还清利率最高的债务是最合理的方法，但不一定是最好的方法。

雪崩法的步骤跟上文雪球法的 7 个步骤相同，只不过优先偿还的是高利率债务。

如何使用雪崩法？按照利率从高到低列出你的债务，支付所有债务（除了利率最高的债务）的最低还款额，然后把预算中省出来的额外资金（同样以 100 美元为例）用于偿还利率最高的债务。

哪种方法最好呢？这还要看你的个性。快速取得小胜利会让你更有动力吗？或者，你更喜欢放长线钓大鱼，虽然需要长期投入精力，但也可能取得更大的胜利。

我的建议是两种方法搭配使用，这样你既能取得大胜利也能取得小胜利。从雪球法开始，先还清一些小额债务，然后在合适的时候转向雪崩法。

为什么我建议混搭呢？如果你有 10 000 美元债务，利率是 25%，还有 200 美元债务，利率是 5%，按照雪崩法，你要先偿还 10 000 美元的债务，但这就好像是一场漫长且毫无胜算的跑步比赛，导致你根本不想开始。就好像你只是想锻炼身体，却直接从跑马拉松开始一样，太疯狂了；如果你的最终目标是跑马拉松，那你应该先绕着街区走几圈，跑个 5 公里，然后再慢慢增加距离，对吧？

但是如果你从 200 美元的债务开始，很容易就能还完，就像是简单的热身练习，能够快速增强你的信心。如果两笔债务金额相当，你可以采用雪崩法，先偿还成本更高的高利率债务。

如何加速推进还款计划

还记得第三章中的意外之财吗？就是生日礼金、遗产、意外退款甚至是你本要花的晚饭钱被约会对象或朋友付了而省下的钱！是的，这笔意外之财来得太是时候了。取得意外之财之后并不一定要把它存起来，你也可以用它来偿还当前的债务。动手转账很快就能带来巨大改变。

你可以把这笔意外之财分成两份，我建议五五分，一半存起来，另一半用于还债。

你可能觉得意外之财没什么大用，但所谓聚沙成塔，如果你收到意外之财后的条件反射是用它来还债，那日积月累的结果会让你大吃一惊。

我花了一段时间才形成这样的条件反射，渐渐习惯成自然。例如，我最近在超市看上一条50美元的连衣裙，决定买下来，然后在收银台惊喜地发现，这条裙子打5折！如果我再买一条同款不同色的裙子，那就相当于买一送一了，但我没有这么做。条件反射之下，我马上将这意外省下来的25美元转到了还款账户中。我每个月都全额还清当月的信用卡债务，而这25美元加速了我的整个还款计划。

要想将意外之财用到实处，关键是要当即采取行动。你有智能手机，那就发挥它的智能作用。直接用你的手机转账，不要等，立刻、马上行动！

不要以为这一点钱不算什么。如果是 5 美元，那你的债务就能少 5 美元。如果你在一年中不断有这样的收入，那你的债务可能会减少上千美元。是的，朋友！

你的任务：选择适合自己的还款计划，或者尝试我说的混搭方法。把计划写下来，能自动化的部分就自动化。如果你想知道使用雪球法和雪崩法分别要多久才能还清所有债务，你可以使用网上免费的计算器，或者参考我在工具包中分享的首选。

预算天后建议：虽然大家眼下要努力还债，但我还是要再强调一点：没有债务 + 没有存款 = 有债。如果你没有存款，那出现意外的大额花费时，你就需要刷信用卡或借钱应急，这样会积累更多的债务。当然，按时还款很重要，如果你的债务利率高达两位数，那么按时还款就更为重要。但是，你多少也要存一些钱，就当是还债的同时也还自己一些钱。

你应该同时还债和储蓄，二者同等重要。所以，收到意外之财后如果不确定如何分配，那就还债储蓄五五分。

行动 4

设置自动还款

确定计划之后，你就要设置自动还款了，这样可以减少你每月的工作和计算量，并且可以把精力用于学习增加财富。

不管你的债务是 10 000 美元还是 200 美元，你都要设置自动还款，然后开始转钱。如果你已经提前算好，知道要连续多少月还多少钱，那设置好后就不用再操心了。你可以设置让银行在这笔债务还清后发送提醒，然后直接将资金转向下一笔债务，再次设置自动还款，并在日历上做好标记，确保在预计日期还清债务，然后集中精力增长财富。

你的任务：确定自己的还款计划：雪球法、雪崩法或者我建议的混搭法。工具包中有各种方法的还款计算器。登录你想最先偿还的债务账户，根据你确定的适当金额（最低还款额加你可支配的额外资金）设置自动还款，并设置每月支付其他账户的最低还款额。就这样循环往复，直至还清所有债务。

预算天后建议：设置自动还款时，将账单账户（见第二章）设为转账账户，多数银行会将此归为账单支付。

你要自己发起账单付款，而不是让债权人扣款。之所以这么建议，是因为我不止一次遇到过贷款公司多扣钱的情况，导致我的账户透支。为避免这种情况，你要主动还债，而不是让他们扣钱。

回顾

你现在清楚了自己的债务情况，学习了几种债务重组策略，也了解了两种常用的还债方法。接下来就看你的了，定好你的计划，大胆往前走吧！

哦，别忘了没有债务不等于拥有财富，要实现财务完整，你还要储蓄和投资！

看看你，**你的财务系统完整性已经达到了30%**！你最喜欢哪首歌？听着歌跳支舞放松一下吧，这是你应得的。

第五章

提高信用分数

目标
打造40%完整的财务系统

信用的概念不太好理解，即便金融行业的人也未必都了然于胸。我跟我的追梦人或者在研讨会上谈到信用时，总有人举手提问。大家说，计算信用分数怎么那么难呢，跟微积分一样，而且为什么有些问题对信用分数的影响更大呢？

　　在本章中，我会回答关于信用的所有问题。你会了解信用分数到底是什么（信用分数的 5 个组成部分及其占比）、信用报告与信用分数的关系、各种信用机构以及它们与你的信用的关系，当然了，我也会回答所有人都最为关心的问题：如何提高信用分数？

　　你是不是要直奔主题，直接跳到提高信用分数的那一部分？但我要告诉大家的是，信用可没这么简单。如果你想如愿以偿，拥有完美的信用，那就不要往前跳！想跟钱搞好关系，你必须先弄清楚信用分数的来龙去脉。

　　那我们从基本内容开始：到底什么是信用？在前面的章节中，我们谈到的信用是信用卡的信用，用于购买产品和服务。在这种情况下，你相当于用信用借钱，然后把借的钱与产生的利息还给信用卡公司（或银行）。简单来说，借了钱就要还钱，同时根据签的合同，你还要支付一笔费用，对吧？好的。

信用还能体现你的还款状况。例如，我总是按时还款，所以我的信用很好。如果你的信用良好，贷款机构就相信你会偿还欠款。但是，如果你没有还款或者没有按时还款，导致自己信用不良，那贷款机构就会把你视为风险人员。信用分数代表你管理信用的能力。我的朋友杰森·维图格（Jason Vitug）是一名财务专家和Phroogal财务公司的创始人，他曾经说过，"信用分数评估的并不是你的理财能力，而是你利用他人资金的能力"。因此，如果你想利用他人的资金，你需要学习如何使用和控制信用。

我们在形容信用时会用"良好"和"不良"等词语，这并不代表你这个人好或者不好，不过如果你在努力理财，我会觉得你非常好！不管好坏，信用分数只是计算机生成的、用于计算你还债可能性的数字。悄悄告诉你：贷款机构能根据你的信用分数判断你是不是快破产了。是的！你的分数越低，你申请破产的可能性就越大，如果你破产，贷款机构就收不回你欠的钱了。

所以，即便信用分数只是一个数字，那也是个重要的数字！它可以打开机会之门，对你找工作、买房、租房、借钱、买车和做其他很多事情都有助益。你能享受更优的利率、获得更大的谈判权，也更有可能达成最佳方案。如果你信用良好，那你购买手机等大件时就不用交高额的押金，买保险之类的也不用交更高的费用。所以，一定要拥有良好的信用，我们开始行动吧！

行动前的必备术语

在介绍提高信用分数的行动之前，我想花一点时间讲讲与信用相关的一些内容。

信用主要涉及 3 部分。

第一，你的信用报告。

第二，你的信用分数。

第三，信用机构。

你要把这几部分都弄清楚，因为它们对你了如指掌！

我想用大家都熟悉的高中术语来解释这一部分内容，这样更容易理解。

你的信用报告 = 你的成绩单

信用报告就像是一种财务成绩单，类似于高中成绩单，上面显示着你上的课程和你的成绩。信用报告上则详细记录着你的财务记录和公共记录，并且会显示你名下和社保号码下的所有信用相关活动，包括你开的信用卡、抵押贷款、还款记录、破产情况、财产留置和征收情况等。报告 / 成绩单中还有关于你的信用查询记录。我们很快会讲到这一点。

另外，你还可以把信用报告看作一头大象[①]或你的母亲——什么都能记住！还记得你 18 岁时开的信用卡吗？这张卡还在吗？这上面也有记录！

你的信用分数 = 你的平均学分绩点

信用分数跟高中平均学分绩点的计算方式相似，信用报告上列出了你过去几年的财务选择，它们就相当于各门学科的成绩，根据特

---

① 研究人员观察发现，大象记忆力超群，远胜于其他动物。美国有句俗语："An elephant never forgets."（大象永远不会忘记。）也指大象记忆力较好。——译者注

定的算法，最终得出的平均绩点便是你的信用分数。分数越高，即你做的信用选择（申请贷款或者按时／逾期偿还信用卡债务）越多，即便你再做一些更好的选择，你的平均绩点也难以再大幅提高了。

信用分数高的人属于低风险借款人，还款的可能性较高。信用分数低的人属于高风险借款人，可能无法偿还债务。

当前市面上有多种信用评分模型，但我们主要介绍 FICO 评分，因为多数贷款机构都基于此评分做决定。如果你能保持良好的 FICO 评分，那按照其他评分模型，你的信用分数也不会差，真的，这样最简单，就锁定这个目标。FICO 评分范围为 300 ~ 850 分。

FICO 的消费者官网（MyFICO.com）显示，信用分数分为以下等级，不同范围的分数对潜在借款人有不同的影响（见表 5–1）。

表 5–1　FICO 评分标准

分数范围（分）	评级	说明
300 ~ 579	差	你的分数远低于美国消费者的平均分数，你对贷款机构来说是风险借款人
580 ~ 669	一般	你的分数低于美国消费者的平均分数，不过许多贷款机构还是会批贷款给你
670 ~ 739	好	你的分数接近或略高于美国消费者的平均分数，多数贷款机构认为这是一个很好的分数
740 ~ 799	很好	你的分数高于美国消费者的平均分数，贷款机构认为你是一个非常可靠的借款人
800 ~ 850	优秀	你的分数远高于美国消费者的平均分数，贷款机构认为你是优秀的借款人

信用机构 = 你的老师

信用机构就像是老师，根据你在课堂上的表现给你打分。就信用而言，"课堂表现"是指你的信用表现，而信用机构会收集关于我们的所有信息，然后生成信用报告和评分。

现在我们谈谈怎么玩游戏。

要提高信用分数，你要重点关注那些提高空间最大的地方，但同时也要靠长期的日积月累。

提分速度跟过去的分数/信用选择有关，所以完全因人而异，下面以我和我丈夫为例说明。

我：在 2008—2009 年经济衰退期间，我失业了，无法偿还抵押贷款，因此失去了公寓的赎回权，我的信用分数也从 802 分下降到了 547 分。之后，我花了一年半的时间才将分数从 547 分提高到 750 分，提高超过 200 分（悄悄告诉你：我现在的分数是 807 分）。

我丈夫：我刚认识他的时候，问了他一个私人问题："你的信用分数是多少？"他在我们约会之前就知道我是预算天后，但是他不知道自己的分数有多少，所以我们就在免费的信用网站上查了下，发现他的信用分数是 630 分。

当时，他只有一笔债务，是担保卡的债务（担保债务和无担保债务的区别见下文），他这张卡都快刷爆了，而他每月却只偿还最低还款额，因为他听说，要提高分数，还款就行。我跟他说这样不行，要还清这张卡的债务才能提分。他就按我说的这么做了，仅仅 3 个月后，他的分数从 630 分提高到 760 分，提高超过 100 分！

我想说的是，我提分花的时间更长，因为我信用报告中的财务选择比我丈夫的多——我有 2 年的房贷还款记录、10 年的信用卡还款记录以及 5 年的学生贷款还款记录。

我丈夫的担保卡只用了一年，他做的财务选择较少，所以还清这张卡就能显著提高他的平均分数。我做的财务选择更多，既有好的也有坏的，我要提高自己的平均分数就得做更多正确的决定，而且这个过程耗时更久。

所以用高中分数来形容的话，信用分数就像是你的平均学分绩点，是你的分数（财务选择）的平均值。如果你的成绩单上多门课程成绩不及格，要想提高平均分，你就必须在更多门课程中取得优秀成绩；也就是说，如果你多次逾期还款或错过还款日，你就要在更长的时间内按时还款或全额还款，以便提高自己的信用分数。

提高信用分数的关键是提前做准备，而不是临时抱佛脚。也就是说，现在就把分数提高上去，这样当你需要的时候就可以随时使用。你梦寐以求的房子可不会等着你慢慢把分数提上去！

计划

关注信用分数的 5 个组成部分

我要帮大家拥有优秀的信用分数，让人们都排队等着跟你合作。冲啊！

把信用分数想象成你的厉害朋友，对你说："想要利用我的话，你可得先了解我。"所以，与其在申请贷款后焦急地等待获批，不如主动成为吃香的借款人，这样还能享受最优惠的利率。不过，我可不是让大家去申请一大堆信用卡，那样你是理不好财的。

那么，我们要把目标定多高呢？你的目标分数至少应为 740分，这是公认的完美信用分数起点。分数达到这个水平后，你就能享受最优惠的利率，不管贷款买什么都能省一大笔钱。基本上，只要你的分数超过 740 分，你跟拥有完美分数（850 分）的人所享受的利率相差无几。这是真的！下次，如果有人炫耀自己的信用分数有 800 多分，你可以暗暗窃喜，你虽然只有 740 分，但享受到的好处也没什么区别。

要提高信用分，还要不断学习。在学习后面的步骤前，你还要做些脑力劳动。

预算天后智囊团

在本章中，我还请了外援，我的朋友娜蒂瓦·赫德（Netiva Heard），她是"面条预算"专家，是 MNH 金融服务公司的创始人，被称为节俭女信用师（Frugal Creditnista），是一名注册信用顾问和持证房地产经纪人。她致力于为全球女性和情侣提供教育和工具，并为他们赋权，让他们能够自信地并彻底改变自己的财务状况。本章中的一些"预算天后建议"就来自娜蒂瓦，注意查收！

你的家庭作业：获取你的信用报告

在阅读本章的过程中，把你的信用报告放在手边，以便充分利用本章内容。每隔 12 个月，你都可以免费获取信用报告，而且最多可以从 3 家信用机构获取。每家信用机构给你的分数可能不尽相同，因为他们了解的关于你的个人信息有所不同，即一家信用机构掌握的信用记录可能比另一家更详尽，或者由于评分模型不同导致一些因素略有差异。有些信用机构并不使用 FICO 评分模型，但我前面提到了，FICO 是最常用的模型，所以如果FICO 评分高，其他模型的分数也差不了。

你可以从数百家信用机构中任选，但是各家信用机构并不一样！一定要选择一家信誉良好的机构，因为它们生成信用报告需要你提供大量个人信息，包括你的社保号、出生日期、住址等，这些都是敏感信息，你必须要小心！我已经在工具包中列出了几家我信任的信用机构，这些机构更可靠一些，但没有机构能保证百分百安全无虞，毕竟三巨头之一的爱克菲在 2019 年也出现了信息泄露问题。

如果你已经有了一份信用报告，那必须是一年内的报告，这样其中的信息才能帮助你提高信用分数。

行动

现在你已经了解了信用的基本概念，我们也讨论了后面会提到的术语。如果你做了上面的作业，那你现在也有了一份最新的信用报告。但现在是不是看不太明白？学完本章的行动你就明白了。接下来，大家要努力学习，熟练掌握信用分数的 5 个部分然后化为己用。针对信用报告的 5 个部分，我们要相应采取以下 5 项行动。

第一，查看你的还款记录（占信用分数的 35%）。

第二，减少欠款，提高信用使用率（占信用分数的 30%）。

第三，控制信用查询（占信用分数的 10%）。

第四，增加信用记录长度（占信用分数的 15%）。

第五，管理你的信贷组合（占信用分数的 10%）。

行动 1

查看你的还款记录 （占信用分数的 35%）

不管贷款机构使用哪种评分模型，对信用影响最大的都是还款记录。前面已经提过，在信用分数的构成中，还款记录占比 35%，超过 1/3，所以这方面的提升空间非常大。

还款记录能够体现你按时支付账单的能力。如果你过去一直按时支付账单，那这就是一个好的迹象，说明你未来也能支付账单。但是，信用机构除了要看你是否按时还款，还要看你的还款方式和还款金额（全额还款还是仅支付最低金额）。你要确保报告中没有不准确之处，避免让正面信息变成负面信息。所以，你每年至少要查看一次自己的最新信用报告，看看其中是否有什么问题。

你觉得不需要查看信用报告吗？再考虑一下。美国联邦贸易委员会（FTC）的一项研究表明，1/5 的人的信用报告（至少一份）上有错误。所以行动起来吧，去获取你最新的信用报告。

请记住，最近 12 个月内的活动对你的分数影响最大，其次是 1 ~ 2 年内（12 ~ 24 个月）的活动，以此类推，直至 4 ~ 5 年内的信用记录，不过那么久远的活动对分数的影响要小一些。

如果你没有那么多时间，那我建议你认真回顾一下最近 2 年的记录，这样这项行动就不会显得那么艰巨了。

> **你的任务**：查看你的报告，确保其中所有内容都是最新的并且准确无误。一定要花时间检查以下各部分的准确性。

第一，你的个人信息。包括你的姓名、住址和基本信息。

第二，所有账户信息。查看你的还款记录和账户所有权（不要有不属于你的账户）；确保已经还清的债务在上面显示为已还清，而不是未还清；检查账户开立和关闭日期。

第三，负面记录的年限。逾期还款等负面信用记录仅在信用报告中保存 7 年。如果你的报告中仍有此类内容，你可以提出异议，并要求删除此类内容。负面记录如果是公共记录，如判决、税收留置或止赎，那将会在报告中保留 10 年。

如何对信用报告中的内容提出异议 [①]

查看信用报告时，如果发现其中有错误或者其他问题，你需要联系信用机构和错误信息提供者。

根据美国消费者金融保护局官网上的说明，就信用报告错误信息向信用机构或信息提供者（银行、房东或信用卡公司）提出异议的方法如下。

第一，以书面形式说明错误之处和错误原因，并附上证明文件副本。

第二，如果你邮寄异议书，那应在其中包括以下内容。

（1）你的联系信息，包括全名、住址和电话号码。

（2）说明错误之处，如账号错误。

（3）解释就此提出异议的原因。

---

① 本小节中的方法适用于美国居民，我国读者可借鉴思考，举一反三地运用。——编者注

（4）要求删除或更正信息。

（5）附上包含异议内容的信用报告副本，并圈出或高亮异议部分；附上支持你立场的文件副本（而非原件）。

如果你以挂号信的方式向信用机构寄送异议书，请务必索要回执，作为对方已接收异议书的证据。

预算天后建议：如果要就信用报告中的任何内容提出异议，即便可以网上办理，你也要选择邮寄异议书。线上办理听起来很简单，但是我的朋友娜蒂瓦说了，"如果在网上提出异议，你可能要同意一些对你不利的条款和条件。另外，寄传统信件的话能收到纸质回复，这便于追踪和整理"。

如果该争议违反美国《公平信用报告法》（该法要求确保信用机构文件中的用户信息准确、公平并且保护个人隐私），那问题性质就更为严重，你可能需要请律师，而这种情况下最好有书面记录。

娜蒂瓦建议：你还可以想办法解决已经被上报并且可能会降低你信用分数的债务。"你可以偿还部分欠款，作为交换，要求对方在信用报告中删除该笔债务。例如，如果你有 1 000 美元的信用卡违约债务，那你可以支付 400 美元，作为交换，要求对方将该条负面信息删去。当然，债权人完全没有义务这么做，所以能不能成要看他们的意愿。但这是一个挺好的谈判工具，不妨一试。"

行动 2

减少欠款，提高信用使用率（占信用分数的 30%）

除了还款记录，对信用分数影响最大的便是欠款金额，也叫信用使用率，说直白点，其实就是你已经使用的信用额度。信用利用率是指你信用额度的使用情况，包括你使用信用卡的情况、你的抵押贷款、车贷等，我们将重点讲讲信用卡，因为信用卡对分数的影响最大。如果你的信用卡额度使用率为优，那还算不错。因为信用卡债务是无担保债务，也就是说，对于信用卡公司来说，如果你不还款，那就没有人会替你还钱给他们。

还有一类债务是担保债务，如房屋抵押贷款和车贷。对贷款机构来说，担保债务风险更低，因为它们提供给你的贷款有资产担保，如果你不偿还房贷或车贷，它们就会收走你的房子或汽车，变为它们的资产。它们收回和出售贷款担保物后就可以回本。在 2008—2009 年经济衰退期间，我买的公寓就是这样被取消赎回权的。

那信用卡额度使用率到底是什么呢？

信用卡额度使用率是指信用额度的使用比例。例如，如果你的信用额度是 4 000 美元，你已经使用了其中的 2 000 美元，那就是使用了 50% 的可用信用额度。而信用机构在计算信用分数时，会将你每张信用卡的额度使用率以及所有卡的平均使用率都考虑在内，所以信用额度的使用比例很重要，我建议大家将平均使用率保持在 30% 以下（接下来会进一步解释），这样既足以产生信用记录，使用率也不至于过高！

当然，在理想情况下，最好每个月都还清欠款，尤其是大额的消费款项，以免这张卡的额度使用率超过 30%。一旦过了账单日期，你信用卡的欠款余额就会被报告至信用机构，而过高的额度使用率可能会降低你的信用分数。

偿还信用卡的最佳时机

首先，你需要弄清楚账单截止日期，即信用卡公司编制账单的日期。我在第四章行动 1 中说过，这个日期一般在还款到期日的前 21 天，而账单就是你欠信用卡公司债务的证据，并且带有时间戳。你可以在账单上查看这个日期，也可以登录信用卡网上账户查看。你还是找不到日期吗？打电话问问信用卡公司，每个月的账单截止日期相同。知道日期（如每月 15 号）后，你可以根据你的信用分数目标决定何时还款。

信用卡公司编制账单的日期很重要，因为在这一天，除了你，信用机构也会收到同样账单的副本。这既可能是好事，也可能是坏事。如果你像我一样，使用信用卡是想要提高信用分数，那这就是好事。首先，你要确保这张卡上有许多小额账单；其次，信用机构收到的账单中要有这些小额欠款记录，说明你的信用使用率较低，你的信用分数就会增加；等到你全额还款后，分数还会增加。我建议大家在账单截止日期后还款，但一定要在到期日之前，因为逾期有害无益。

如果你的债务很多，信用额度使用甚至超过 30%，那最好在账单截止日期前消除这些欠债记录。你可以把

30% 当作信用卡的新最高额度，超过这个额度，你的分数就可能会降低。如果你能在账单截止日期前偿还部分或还清大部分欠款，那一定要这么做，务必要在信用机构发现之前减少债务余额。

这就像你小时候出门，但必须在宵禁前回家一样。一定要抓紧！

到了账单截止日期，你随时可以还款，不用等到纸质账单寄过来或者电子账单发到账户后再行动。

不管怎样，如果不能在到期日之前还清全部债务，那也要保证还一部分，至少要支付最低还款额。

当然，我并不是说大家必须要使用信用卡，千万别这么想，也别冲出门去刷卡！这其实有点像玩游戏——如果你想提高自己的分数，多少还是要用一用信用卡的；而且如果你想保留一张信用卡，那也得隔三岔五地用一下。因为如果信用卡账户连续一段时间无人使用，银行可能为了降低风险而关闭这些账户，至于是 6 个月、12 个月还是 24 个月，那完全由银行决定。而让人抓狂的是，银行关闭账户不需要通知用户，真不礼貌！

什么时候可以停用信用卡

答案是：看情况。

如何判断你应该停用还是保留信用卡？

第一，列出你所有的信用卡。

第二，把你的信用额度加起来。

第三，把当前的债务余额加起来。

第四，用债务余额除以信用额度，再乘以100%，得出信用使用率（例如，如果你的债务余额为2 300美元，信用额度是10 000美元，那2 300÷10 000×100%=23%）

第五，如果你当前的信用使用率为20% ~ 30%或者更高，那你不应关闭任何信用卡账户，如果你关闭账户，你的信用使用率会更高，信用分数便会更低。

第六，如果你的信用使用率低于30%，你可以把要停用的卡排除在外，重新计算使用率，现在得出的信用使用率是多少？如果仍然低于30%，那没问题，可以停用这张卡，但是如果高于30%，那最好留着这张卡。

你可以学我，每月在每张卡上都挂点账，这样比较省事。我有两张信用卡，我用其中一张卡支付网飞订阅费用，另一张卡支付健身房会员费用（没怎么去过），这样卡就不会被停用。我每月在账单截止日期后、还款到期日之前自动还款，这样信用机构能了解我的用卡情况，我也没有逾期。我称之为小规模自动化，简单又方便，设置好之后就不用管了。总而言之，这就是使用信用卡去提高信用分数，然后继续向前。

很多人在新信用卡到手后特别激动，开始大刷特刷。千万不要这么做。FICO和其他评分系统可不会认为你只是太激动了。相反，如果你刷卡太多，信用使用率较高，他们会认为你过于依赖信用卡，觉得你需要这些卡来维持自己的生活方式，那他们的评分模型可出不了什么好结果。

我们换一种说法。假设这是一个游戏，你每月只要账上有花费记录，就能获得高额的奖励和积分。但是呢，如果你没有（在账单日期之前）全额还清信用卡，那这些奖励和积分就没什么价值，因为你的信用使用率提高了！除此之外，你的钱包也变瘪了，因为你还要支付利息，直至还清欠款。

如果你想拿到奖励／积分，那就要在账单截止日期之前还清欠款，以免欠款记录被报告至信用机构。

你的任务：首先，按照以下步骤计算你的信用卡使用率。

第一，把所有账户的信用额度加起来。

第二，把账户的债务余额加起来。

第三，用债务余额除以信用额度。

第四，再乘以 100%。

记住，单张信用卡的使用率和所有信用卡的平均使用率都很重要。为有效提高信用分数，你需要偿还信用卡债务。平均来说，将债务保持在信用卡限额的 30% 以下就没问题。但是如果你想做得更好呢？让我们来听听娜蒂瓦怎么说。

预算天后建议："是的，行业普遍认为信用使用率标准为30%，这足以维持当前的信用分数，但在这个标准之下，你难以快速提分。别误会，我的意思是，如果你的信用分数已经在 740 分或以上，那保持 30% 的信用使用率完全没问题。但是，按照我的标准，如果你想拥有优秀级信用，那最好把目标定在 10% 以下。但你还可以像我一样做到更好，把目标定为0 ～ 3%。归根结底，你要做的就是，办一张信用卡，按时还款，好好利用这张卡。"

降低信用使用率

信用使用率是指你已经使用的信用额度比例。你可以打电话给信用卡公司，要求他们提高你一张或多张卡的额度。这样，你的使用率自然会降低，因为信用卡的已借金额和可借金额的比率降低了。

但要注意的是，有些银行在增加额度时会要求硬查询。你在授权增加额度之前要问清楚，确定这么做是否值得。

行动 3

控制信用查询（占信用分数的 10%）

当你申请信贷服务时，如申请信用卡、贷款、开设生活杂费账户、办理有线电视或手机套餐，甚至是租赁公寓、家具、商业空间，收到申请的公司会查询你的信用。你申请工作时，有些雇主甚至也会查询你的信用，因为他们可能认为信用反映了你的性格和可靠程度。

但这为什么会影响信用分数呢？因为如果一家公司经过你的允许（即你告诉了他们你的社保号码）查询你的信用，那信用机构就会认为你可能要开立新账户、申请新贷款，或者是有新的开支，但是每月又不能全额还款，因而新增了一笔账单。在信用机构看来，你拥有的账户越多，购买的东西越多，你的负债可能性就越大，那未来申请破产的可能性也越大。当然，这种情况未必会发生，但还是有这种可能，而贷款机构总喜欢小题大做，所以如果你申请新贷款，他们会担心你无法偿还。

真讨厌！还有啊，信用查询可能会导致你的分数降低，这种影响能持续长达 12 个月，而且查询记录会在你的信用报告中保留 2 年。

信用查询虽然只占信用分数的 10%，但它也是加分和保持良好分数的好机会，因为在多数情况下，你是可以控制和限制针对你的信用查询的。

信用相当于你个人信息的集合，不能随随便便分享给别人，它就像是一个需要保护的小宝宝，你可别让人随便抱它！

信用查询分为两类：软查询和硬查询。这两种查询对信用的影响不同，所以你要了解二者差异。例如，雇主快速查询你的信用，或者信用卡公司主动发出预授权要约，这都属于软查询；你索要自己的信用报告也属于软查询。但是，如果银行、信用社或汽车经销商经你允许后查询你的信用，那就属于硬查询了。

以下是两种查询的详细介绍。

征信软查询（软查询）

- 不需要你的允许。
- 丝毫不会影响你的信用分数。
- 获取部分信息，看你是否符合公司的基本审批原则。
- 可以授予资格预审，信用卡公司和贷款机构在发送产品之前会对你做信用软查询。

查询信用就像是查天气，如果是软查询，贷款机构只用往窗外看一看，有了足够的信息便能判断今天天气，但不知道详细的预报。

征信硬查询（硬查询）

- 需要你的允许。
- 会影响你的信用分数。
- 需要你的社保号码。

就硬查询而言，贷款机构相当于是获准观看天气频道，获取天气预报：今日天气晴，温度 23℃，湿度 10%。他们可以获得详细的信息，也因此可以准确地判断今天的天气。

查询自己的信用

你查询自己的信用不属于硬查询，而是软查询，所以你可以随心所欲地查询。多次硬查询会导致你的信用分数降低，因为在贷款机构看来，你似乎要在短时间内借大量的钱，这明显是个危险信号。但是如果你只是查看自己的分数，那它们就知道你并非想要贷款，而只是看看而已。

如何控制针对自己的信用查询

1. 每次申请信贷服务时询问会触发何种查询。不管是通过网络、电话还是当面申请信贷服务，你都要弄清楚申请是否意味着你授权了硬查询。记住，如果对方要求你提供完整的社保账号，那你就是允许对方做硬查询，这可能会导致你的信用分数（暂时）

降低。

当然，也不是说不能授权硬查询，只不过是要有选择地授权，保护好自己的信用。如果硬查询次数不多，那即便有硬查询也不一定会影响你的分数。例如，娜蒂瓦告诉我，她已经好几年没有申请过任何信贷服务了，但最近在申请保险时被进行了硬查询，她说："我的分数根本没有发生变化。"

2. 利用"货比三家"规则。 假如你想申请贷款（抵押贷款、车贷或学生贷款），那在你挑选贷款期间，贷款机构可能会对硬查询有所通融。它们可以根据信用评分模型确定你正在挑选车贷或房贷利率，并给你一个宽限期，但是也不会太久！

贷款机构使用的评分模型不同，所以宽限期也不尽相同，但平均是 14 ~ 45 天，我建议大家取个中间数，在 30 天内做出决定。在此期间，如果有多次针对你的信用硬查询（同一类贷款，如车贷），那全部计为一次。

当然，这些查询记录还是会出现在你的信用报告上，只不过每次查询不会影响你的信用分数。如果你四处去挑选不同利率的贷款，那每次查询都会显示在你的信用档案中。不管哪家机构调取了你的信用档案，按照法律规定，这个调取记录都必须出现在你的信用报告中。这是好事，因为这确保你作为消费者能享有充分的透明度。

如果你想申请抵押贷款，这里有一个信用查询技巧，可以在对比房屋贷款利率时使用：你可以主动提供自己的信用分数来获得报价，以初步对比各家抵押贷款的利率，而不是让每家贷款机构都查询你的信用并获取你的所有个人信息。虽然抵押贷款银行或经纪人更希望查询你的信用，但多数还是可以根据你提供的信用分数生成一个报价。行不行你都问问！

但是，如果你想申请信用卡和个人贷款，这个"货比三家"规则就不适用了，如果你还这么做，人家会觉得"不好，这个人货比太多家了"。在你的信用记录中，如果在短时间内出现多次针对信用卡的信用查询，那信用评分模型会将此视为一种绝望之举，认为你可能有破产风险。

如果发生这种情况，你的一些信用卡账户可能会被关闭，一些信用卡的额度可能会被降低。虽然信用查询只占信用分数的10%，但你的信用分数还是有可能会大幅降低。这样，贷款机构才能保护自己，以免遇到欠款不还的人。如果信用分数和信用卡额度都降低了，你借不到更多钱了，陷入更多债务的可能性也就更低了。

一个债权人知道等于每个债权人都知道

你知道吗，如果你有一笔债务逾期或迟付，那你与一家没有联系过的贷款机构的关系也会受到影响。真的，金融机构之间消息传得特别快，它们什么都通着呢，所以如果你有一笔逾期债务，那你跟另外一家没有联系过的贷款机构的关系也会受到影响。

你猜我是怎么知道的？2008—2009年的经济衰退期间，我失业后没有收入，无法偿还抵押贷款。我的信用卡还款从来没有逾期过，但由于我当时没有还房贷，银行便降低了我的额度，因为他们担心我会透支信用卡。真是影响太大了。

你跟一家银行有过节（银行退回支票、透支问题未解决或你未付银行费用），其他银行也会知道，你是不是奇怪它们是怎么知道的？它们信息的主要来源是不良信用记录报告系统，这是一家专门提供验证服务和消费者信用报告的机构，就像是财务领域的"耳报神"。报告至该机构的所有信息会在你的档案中保留 5 年，在此期间，你很难在另一家银行开立账户，但也并非不可能。

有些银行会为上述情况提供"二次机会"，如果你的信用问题被报告至该机构，你还可以去这种银行（请到工具包中查看）。

3. 不要申请太多信用卡。为避免别人以为你已山穷水尽，尽量少申请信用卡。如果购物中心说今天开卡可以省 20%，你也要勇敢说"不"！

不管你在哪里购物，如果你申请办理商场信用卡，商场都会对你做信用硬查询，但问题是，如果他们拒绝你的申请，硬查询仍会显示在你的信用报告上，导致你的信用分数降低，而你在那家商场也根本没有省钱！如果商场批准你的申请，你在短期内也许能省钱，但是信用分数降低造成的长期成本（如贷款利率较高）可能更高。所以说，一定要有选择性，保护好自己的信用。

你的任务：

第一，进一步了解自己的信用行为，看自己是不是经常或过度授权了硬查询？当别人问你"我们是否可以查询你的信用"时，你是不是经常回答"可以"？如果你不确定，看一下你的信用报告，上面列着所有的查询记录。

第二，授权硬查询之前，先评估自己的信用报告，确定上面的硬查询次数。信用硬查询会在你的报告中保留两年，并且会导致你的信用分数降低，影响持续时间长达 12 个月。

第三，你可以在工具包中免费获取 FICO 信用评分。

预算天后建议：你开了几张或者想开几张新的信用卡，你在当时可能觉得这不是什么大事，但是你的行动会向潜在贷款机构和债权人释放一些信号。

娜蒂瓦说："如果你的报告显示一段时间内有多次硬查询，那你的破产指标就会上升，贷款机构也会收到一个破产分数，它们认为你可能很快会申请破产——你肯定不希望出现这样的局面吧。"

一旦被标记为有破产风险的人员，你的信贷申请就会自动被拒。例如，美国运通和大通等公司要求一段时间内只能有特定次数的硬查询。它们可是认真的，如果你的信用查询次数超标，那不管你的信用分数多高，它们都会自动拒绝你的申请。

亲善信

有时候，信用良好的人也会遭遇信用问题，原因有很多，例如生活困难、经济环境变化、紧急医疗状况、家中急事、离婚和财务问题等，信用分数因而有所下降。问题解决后，信用状况便恢复了。如果信用行为一向良好，那有了这些小污点确实会有些不甘心。

在这种情况下，你可以考虑写一封亲善信，请求相关机构把过去的不良信息删除。你可以这么写："我想请你们帮我个忙，我之前一直表现良好，你们能否把我过去的不良信息（如逾期还款记录）删掉？我一直是表现良好的消费者，虽然发生了某个问题，但是已经解决了。你们能否把我还款历史中的逾期还款记录删掉？"

记住，你提出这种请求是想让他们尽量理解你，但是没人能保证结果。不过还是值得一试。

行动 4

增加信用记录长度（占信用分数的 15%）

顾名思义，信用记录长度就是你使用信用的时长。信用报告中既包括你最久远的账户，也包括你当前在使用账户和已关闭账户的平均年限——没想到吧，已关闭的账户仍然会出现在信用报告的这一部分。它们永远不会消失，但这样最好。

在信用报告中，这部分不涉及任何不良记录，如欠款记录或公共记录，它更关注的是年限，而非表现。所以，如果一个人没有或者很少有信用记录，那他们就没有足够的证据来证明自己管理信用的能力，也因此可能会被视为信用不良人员。

例如，人们总认为新手司机开车技术差，但他们只是没有上路经验而已。但令人无奈的是，很多人正是因为信用年限不够，导致信用记录不足，所以多年来的信用分数都低于预期。即便他们本身信用良好，那也要等很久才能提高到优秀级。

你可以把信用记录看作一份文件（如老式的马尼拉纸文件），文件越厚，就代表年头越久，其中内容也越丰富；如果文件很薄，那代表里面尚不完善，说明此人信用记录有限或者是个新人。

要想增加信用记录长度，我们就要想办法快速丰富你的文件。

共同签署还是不共同签署

如果你很"幸运"，那可能会有人找你做共同签署人。一定要三思而后行啊。

如果贷款机构认为一名申请人的信用不够好，可能会要求此人找一名共同签署人。这就相当于在说："你要跟更可靠的人捆绑起来，这样我们才能信任你。"如果有人请你做共同签署人，那你就是这个更可靠的人！

如果你是共同签署人，那你就要共担按时偿还并最终全额偿还相关债务的责任。你不仅仅是借款人的担保人，你也是借款人。也就是说，如果找你做共同签署人的人不还款，你同样要承担偿还贷款的责任。如果债务未还，贷款机构可以起诉你要你还款。请注意，这可不是小事。

我不建议你做共同签署人。这样说可能不太受人待见，但是，银行这么要求的意思是"我觉得此人可能不会还钱"，既然如此，你为什么要相信此人呢？既然银行都不愿意承担风险，你为什么还要拿自己的良好信用和财务状况冒险呢？你还不如直接把钱借给他们，或者把钱送给他们。

如果你已经签了字，那就为时已晚，做不了什么了，不过也还是有一些办法的，虽不完美，但聊胜于无。

第一，出售或偿还贷款。如果借款人最终无法偿还贷款，那他们可能要及时止损，将无法继续还款的资产卖掉，不管是汽车还是其他东西。

你也可以自认倒霉，自己还清贷款，以免借款人的不良还款记录损害你的信用，当然，这不是最佳方案，成本也不低。

第二，申请解除共同签署人身份。如果你的共同签署人的贷款还款状况良好，你可以考虑解除共同签署人身份。如果借款人连续按时定额偿还贷款，那应该就符合条件，银行可能会允许你解除合同。

不管是联邦学生贷款还是私人学生贷款，你都可以解除共同签署人身份。详情请联系贷款机构。

第三，贷款再融资。贷款再融资是指以更优惠的条件申请一笔新贷款，以偿还旧贷款。让借款人申请再融资也可以帮你解除合同。

如果你的信用记录很单薄，导致信用分数低于预期，那可能有多种原因。也许仅仅是因为你刚建立信用，至少需要积累 6 个月的信用记录才能有信用评分，而且信用记录要及时报告给信用机构（你可以询问贷款机构是否报告，如果不报告，你可以要求它们报告）。也许是因为你的信用记录时间不够久，不足以帮你获得最高的分数。

其他原因还包括以下几点。

- 你离婚了，而你的多数信用都在你的配偶名下。
- 你很久以前就有并且使用信用了，但是现在已经不用了，你现在只用现金。这没问题，但是如果你想重启信用，这就是问题了。

- 你刚移民到这个国家，当地和国家级的贷款机构无法查看你之前国家的信用记录，而且各国的信用体系也不同。

如果你没有信用分数或信用记录较少，那你很难获得贷款或信用卡，而信用不良的人反倒能获得贷款或信用卡。因为贷款机构了解他们的背景，有明确的预期，虽然提供给他们的利率高得离谱，条款也十分苛刻，但他们至少能够获得贷款或信用卡，这太疯狂了。

下面这些方法能够帮你扩充信用记录，提高信用分数。

1. 成为授权用户。如果你的信用记录比较单薄，你可以询问与你亲近的人，看能不能成为他们一个账户的授权用户。这可不是选谁都行，对方必须是信用良好的人。你可以列一个候选人名单，其中可能包括你的父母、配偶或兄弟姐妹。

成为授权用户也叫"搭便车"，因为你等于搭上了对方良好信用的顺风车。你虽不能像持卡人那样受益，但也能略微提升一下自己的信用。

当然，你要确保这个账户状况良好，并与帮你这个大忙的人（朋友或家人）确认以下信息。

- 该卡债务余额较低，还款记录完美。
- 这张卡至少已开了 3 年。
- 授权用户会被报告给信用机构——你可以跟发卡机构确认这一点。

如果你觉得开不了口，那你可能没有问对人。不管找谁帮忙，你都要告诉对方，你并不是要使用这张卡，而且他们任何时候都不用把卡给你或者给你用卡权限。

你不用为持卡人的债务负责，但是，如果持卡人不偿还债务，你的分数可能会降低，因为作为授权用户，你要受他们行为的连带影响，不论其行为好坏。

此外，如果你的信用良好，你可以在自己的卡上添加一名信用良好的授权用户。我就把小妹丽莎添加为我的授权用户，帮她提高了信用分数，但是她的分数并没有影响我的分数。

添加授权用户的错误做法

之前，我的一个朋友上了我的信用课程后，让她的祖母把她添加为祖母信用卡的授权用户。她当时20多岁，她的祖母快70岁了，而祖母那张信用卡已经用了20多年。当我的朋友去申请抵押贷款时，人家都懒得理她。她的贷款经纪人说："怎么，你出生之前就有信用记录了？"在经纪人看来，这显然不正常，她的抵押贷款申请自然被拒绝了。

我的经历则截然不同。我在23岁的时候去申请抵押贷款，他们查询了我的信用，发现我的信用分数是803分。当时的我太年轻了，根本不知道这有什么了不起的。如果他们跟我说"你这分数可是宝贝"，那我肯定就明白了。我的分数实在太高了，连银行经理都出来跟我握手。

我的信用分数之所以这么高，是因为我18岁的时候，父亲把我添加为他信用卡的授权用户，这张卡他每月都全额还款，不过我从来没见过。他是一名首席财务官和会计，在财务方面非常精明，并且把自己的经验传授给了我。当时，他跟我解释了他做的事情以及这么做的原因，但是我根本听不懂。现在我知道了，他是让我继承他的良好信用，这是他送给我的礼物。

我分享这两个故事是想告诉大家，添加授权用户是要讲究方法的，你的信用卡账户肯定不能年纪比你还大吧！

2. 申请信用建设贷款。如果你申请信用建设贷款，你其实拿不到所借的钱，所以我称之为"假贷款"。这笔贷款会被存在一个账户里，然后你只管慢慢进行小额还款。等到你还清假贷款，你就能把自己付出的钱全部拿回来，因为你从头到尾根本就没有向别人贷款！这有点像反向贷款：你成功还清贷款后能生成信用记录，你也拿回了自己付出的钱，如果这笔贷款在储蓄账户中产生利息，你还能获得利息。

简而言之，信用建设贷款可以用于证明你的还款能力。全额还清债务后，你的信用分数就会提高，你可以借此证明自己不还款的风险很低。我本人很喜欢这种贷款，虽然贷款机构可能会查看不良信用记录报告系统，但它们不会基于信用分数判断你是否符合条件，而且这类贷款往往没有预付费。

信用社一般都提供信用建设贷款，如果你是会员，那一定要去问问。

3. 申请一张担保卡。担保卡不同于信用建设贷款。担保卡的使用方式是：你往卡里存入一定金额的押金，这个金额就是你的信用额度，之后，发卡机构会再发给你一张卡，作为常规（无担保）信用卡使用。有些担保卡有年费，但是无年费的担保卡也很好找。

担保卡之所以叫担保卡，是因为你的消费额度是由押金担保的，如果你不付账单，发卡机构就会从你的押金中扣除相应的金额，主动权可不在你手里了。

只有你能证明自己可以按时付款，你的信用分数才能有所增加。如果你的担保卡是银行发行的，那你连续 6 个月 ~ 1 年都按时还款的话，银行就会退还你的押金，甚至可能会发给你一张无担保（常规）信用卡。

预算天后警告 [1]

申请担保卡时，要注意：

第一，如果对方索取超高年费（超过 50 美元），或要求你拨打 900 开头的电话（拨打 900 开头的电话要付费）办理账户，那你一定要小心。

第二，确认你的交易会被报告给三大信用机构（爱克非、益博睿和全联），这样它们能看到你在偿还债务，你的分数也就能提高了。

第三，如果你申请破产了，那有些银行可能会等一年才给你发担保卡。如果真的要等一年，那你就在此期间好好存款，并利用信用建设贷款建立信用。

正确使用担保卡

有一次，我丈夫以为他捡了银行的大便宜。

---

[1] 该警告针对美国居民，我国读者可借鉴思考，举一反三地运用。——编者注

当时，他还是我的男朋友，我建议他全额还清担保卡的债务。几个月后的一天，我们去了银行，我看到他盯着自动取款机屏幕，先是疑惑，然后是惊讶，最后是喜悦。我问他："怎么了？"他低声说："我估计银行搞错了，他们往我账户上打了 500 美元！"

我有点怀疑，我们便进去问了一位工作人员。原来，这笔钱是他担保卡的押金。他用卡很负责，并且还清了债务（还是我的建议好），银行就把他的卡升级为无担保（常规）信用卡，退还了他的押金。这个故事说明什么？说明天上不会掉馅饼，所以一定要听预算天后的建议呀。

我在工具包中分享了关于信用建设贷款和担保卡的建议，包括市面上现有的低年费或无年费、低利率以及押金最低的担保信用卡。最好选择大银行的担保卡，这样你之后可能不用办理新卡就可以升级为无担保卡。我们前面讲的信用使用率在这里也适用，如果你能把信用卡额度的使用率（债务余额）保持在 10% 以下，那你信用分数增加的可能性更大。

像乔丹一样跳跃： 大家还记得迈克尔·乔丹（Michael Jordan）吗？肯定记得吧。他可是有史以来最著名的运动员之一。乔丹最为人知的便是他的超高跳跃能力，似乎是摆脱了地球引力在空中飞翔，然后完美上篮。你还不知道吗？快去网上搜索一下，我等着你。

我之所以提迈克尔·乔丹，是因为我接下来要讲的建议跟他有关。我将这个提高信用分数的方法称为"乔丹式跳跃"，内容很简单：每月自动还清一笔小额债务，是的，就这么简单！我希望你每月都能把一张卡的债务余额清零。接下来就是见证奇迹的时刻了，你的信用分数会像乔丹跳得一样高。以下是详细步骤。

第一，看看你的月度账单，找出金额最小的账单，比如杂志订阅费、健身房会员费、话费。我的是网飞订阅费。

第二，选择一张债务余额为零的信用卡，或者将你的信用卡债务余额清零。

第三，将金额最小的账单自动计入这张已清零的卡，这就是你的"乔丹式跳跃"信用卡。这张卡仅用于支付这个小额月度账单。

第四，设置账单账户自动转账，每月在账单截止日期后偿还这张卡的债务（还记得本书第二章中的账单账户吗？它是仅用于支付账单的活期账户）。这样就形成了自动支付的闭环，避免人为失误。我建议把这张信用卡放在家里，放手不管，让这个闭环自动运转。

第五，不管你的债务是 5 000 美元还是 5 美元，只要你全额还清一笔债务，你就能收获"乔丹式跳跃"。如果你每月都全额还清信用卡债务，那你的信用分数一年能跳跃 12 次！

还债的时间要晚于账单截止日期，这时信用机构已经收到你信用使用率较低的情况；但要早于还款到期日，以免逾期。

这是一位债务律师朋友给我的建议，我用这个方法在不到两年的时间里将我的信用分数从 547 分提高到 750 分，而我当时的信用报告中还有银行取消公寓赎回权的记录。你能相信吗？我在这样的情况下还拥有了接近完美的 750 分，所以这个方法是有用的！

做好这些工作后，你就可以等一等，让它们发挥作用，帮你提高分数。信用分数增加后，你就可以获得更好的产品、更优惠的利率和更高的额度，并且会随着你分数的提高而提高。

你的任务：

第一，在合适的情况下，成为你信赖之人的授权用户，提高你的信用分数。

第二，保留你办得最早的信用卡，这是提高分数的最佳策略，除此之外，你只能等自己年纪增长，但这是无论如何都会发生的事情。

第三，如果你的信用较差或者信用记录单薄，你可以考虑申请信用建设贷款或开设担保卡。

第四，使用"乔丹式跳跃"方法加速提高信用分数。

预算天后建议：娜蒂瓦说，对于信用记录，"你必须保持耐心，管理好其他方面，慢慢积累信用记录。保持良好的还款记录和良好的信用利用率，避免增加太多新信贷或授权过多硬查询"。

即便你持续努力改善信用，你可能仍然要花 7 ~ 9 年的时间才能达到 800 分。但正如娜蒂瓦所言，时间流逝正是"信用升级的秘诀"。

行动 5

管理你的信贷组合（占信用分数的 10%）

最后，评分模型还会考虑你管理各类信贷的能力，贷款机构希望看到的是你可以建立良好的信贷组合，这部分在信用分数中占比 10%。

说实话，如果你想拥有最高等级的信用分数，你只需关注信贷组合。如果你想拥有 800+ 的分数，上述做法就难以实现了，你可能需要将不同的信贷选择混合搭配起来。

信贷分为两种：循环信贷和分期信贷。

循环信贷是指信用卡还款后，金额循环，你又重新拥有同样的额度。

分期信贷是指申请后需要按月分期付款，直至结清的贷款。

有时候，不管客户信用分数高低，贷款机构都希望对方拥有信贷组合。我在 25 岁去申请抵押贷款的时候，手里只有一张信用卡和一笔学生贷款。但是我的信用分数很高，所以贷款机构也愿意帮我，但我不确定这是好事还是坏事。它们只是需要一个新客户，而我恰好需要一笔贷款。

所以，为了证明我有信贷组合，贷款机构让我去银行打印了两年的房租流水，之后让我的房东签名并进行公证，证明我在两年的时间内没有拖欠过房租。因为我的信贷组合不够丰富，就需要我自己证明在经济上是负责的，而连续交房租就像是连续还房贷一样，这也算得上是创造信贷组合了！

你的任务：如果你跟我一样信贷种类有限，那你可以增加一种信贷，以略微提高信用分数。但是，我不建议为了提高分数而去提高分数。你就老老实实地采取另外 4 项行动，实在没办法的时候再尝试这一条。

预算天后建议：娜蒂瓦说："绝对不要为了打造更好的信贷组合而冲动地申请各类贷款。但是，如果你的分数很久没有变化，信贷组合也许能帮你提高分数。"

回顾

好了，你现在可以向 740 分迈进了。不要找借口！你已经了解了影响信用分数的 5 个因素，也知道如何采取相应措施来提高分数。你也明白，贷款买东西就是今天预支明天的钱，是向未来的自己借钱。

如果本章中信息太多，让你感到有些不知所措，那你可以试一下这个我想出来的"简单而快速"策略：在接下来的 24 小时内，你要做什么事情来提高信用分数？如果你还没有完成本章第一项任务，那你可以从它开始，去获取最新的信用报告；你也可以联系信用社，问问它们有什么信用建设贷款。先做一件小事，并且要快速行动。这样就算开始了！

可以在社交媒体上与我分享你的一个目标（我在所有平台上都叫预算天后）。不告诉我的话，那就告诉你最好的朋友、你的姐妹、你的父母，只要他们会为你所做的努力感到骄傲就行！

现在你知道要采取什么"简单而快速"的行动来提高信用分数了吧！

完成所有的任务了吗？恭喜你，**你的财务系统完整性达到了40%**！这值得庆祝。撒花（我们就想象撒花吧，毕竟没人喜欢清理真的彩屑）！

第六章

赚钱增收

目标
打造50%完整的财务系统

你前面一直都很努力！做预算、储蓄、还债以及提高信用分数，你的财务完整性马上就要达到 50% 了。谢谢你的努力！

　　接下来，我们要谈谈如何控制收入、如何增加收入。在本章中，大家基本不需要做计算（只在最后的时候做一点），也不用制作图表或者填写表格，可以暂时缓缓了，是不是天大的好消息？

　　增收的关键并非一味埋头苦干，如果你累到无心享受，那再多的钱有什么意义？我想让大家学会理财，但也希望你们过上美好的生活，所以我要教大家有策略地增收，而不是苦苦挣扎。虽然你在追求自己想要的富足人生，但如果方法不对，那只会事倍功半。不要再盲目地行动，开始有意识地赚钱，先从最明显的方面开始，然后全面行动，增加自己收入。

计划

增加工资和／或创造多种收入来源

如果你生活拮据或者存不下钱，你就容易觉得自己止步不前。但是，你可能不知道，你拥有一座储藏丰富的创收金矿——那就是优秀的你自己。你手握资源，但是你毫无察觉。

首先，我要教大家如何增加当前的工作收入。很多人都会忽略，我们的工作也许有加薪的空间。

然后，我要教大家如何在生活中寻找副业机会，以增加收入。副业就是你在工作之外做的事情，可以帮你获得额外收入。选择什么副业全凭你自己喜欢，由你做主。

我自己从事过多种副业。我在当老师的时候，在空闲时间做过保姆和家教，这对我来说都是轻松赚钱的机会。

后来，我开始帮助别人制作个人预算，但是我根本不知道这会成为我的副业，随着我帮的人越来越多，这个副业便成了我的主业（预算天后）。

不管你如何看待副业或者打算从哪里起步，只要你做一些准备工作，找到正确的副业方向，那你就能赚更多的钱。至于选择什么方向，那要看你当前的工作、现有的技能和你可能都不知道自己拥有的技能以及你最主要的潜在收入增长点。

预算天后智囊团

我的朋友桑迪·史密斯（Sandy Smith）的副业就做

得非常棒。她的主业是人力资源工作，然后她用 500 美元开始了一门 T 恤生意。她在亚马逊上销售这些 T 恤，并且在短短一年时间里赚了 8 万美元！

桑迪这份副业做得太好了，所以副业就变成了主业。现在，她是一名个人财务专家和小企业策略师，帮助小企业主像她一样创业。

行动

增加收入部分仅有 4 项行动。

第一，工作收入最大化。

第二，评估自身技能。

第三，确定可以变现的技能。

第四，预测潜在收入。

行动 1

工作收入最大化

要增加收入，你首先要考虑的是实现工作收入最大化。人们在考虑增收时，往往不会首先想到这一点，但这是增加收入的一个绝佳机会。

在要求加薪之前，我建议你制作一本"夸夸书"作为辅助。在第二章中介绍过"夸夸书"，但我想在这里再多提一下，因为它很重要。如果你还没有开始"自夸"，那你可要行动起来了。

你可能觉得自夸不好，更想保持低调一点。但是，如果你把自己放得太低，你可能最终都看不到自己的优点了。现在是时候把这些优点大大方方地亮出来了。

你可以把你的自夸内容整理成一份文件或者归入一个文件夹中，命名为"为自己加油"。我妹妹特蕾西最开始用的就是这个名字，我很喜欢。

不管怎么命名，你都要有这个文件夹或小书，并持续记录你在工作中取得的成就，你如何改进工作流程、预算或团队意识，以及你做的所有对公司有利的事情。一定要把所有正面内容都列出来，并且最好能够量化。问一下自己：我为公司做的事情为公司赚了或省了多少钱？要想从老板那里争取更高薪水，你要讲成果，不要谈情感。

如果你的工作比较单调，每天工作内容大同小异，那"夸夸书"就更为重要。你还是可以列出自己的成绩，打造自己的高光之书，你甚至还需要适当加工或者发挥创造力。

你这么做都是为了你自己，你记录这些内容的终极目标都是借此来增加收入。你去要求加薪是因为你为公司做了贡献，你并非要寻求帮助或动之以情，你是为了争取你应得的回报。

我的一位律师朋友与我分享了她的"夸夸书"成功故事。她曾是一家医院集团的法律顾问，作为医院的诉讼律师应对病人起诉。她曾经要求加薪，但是医院管理部门不愿意给她加，所以她认真地回顾了自己在过去一年达成和解的诉讼案件。幸好她有记录，所以她才能成功地证明加薪的合理性。她说："去年，正是因为我作为诉讼律师的专业性，我们才得以省下 1 000 万美元的费用和诉讼支出。如果拒绝给我加薪 1 万美元，那真的是对我的不尊重。"她量化了自己为医院节省的支出，这真的有用，所以她最终也拿到了加薪。不过她后来还是辞职了，去了另外一家待遇更好的公司，这家公司看到了她的价值，不用她一条条列出来证明。

我还认识另一位出色的女性，卡蜜儿，她则是以另一种方式争取加薪的。卡蜜儿接任了一家大型非营利机构的临时首席执行官一职，关于她的前任，她只了解两点：此人年薪为 20 万美元并且为公司留下了 200 万美元的债务。

卡蜜儿的年薪为 8 万美元，但因为这是一个临时职位，所以她也可以接受（其实并不能）。然而，在任职期间，卡蜜儿不仅让公司摆脱了债务，还创造了 60 万美元的收入。但公司是怎么奖励她的呢？他们把她的年薪从 8 万美元提高到 12 万美元，比她的前任低得多。

她本可以拿前任的年薪来质问自己 12 万美元的年薪，但是她选择了一种更有效的方法：她上网查了查同等市场中类似非营利组织首席执行官的年薪，然后利用这一信息跟董事会谈判，表示要么她另谋高就，要么公司支付她应得的报酬。她拿到了加薪！

我知道去要求加薪是件很可怕的事情，很多人觉得去询问加薪的事情有可能会被冷落。如果你害怕，你也可以换种方式来试水：去找其他工作，去面试，就当是练习推销自己。如果你拿到这份工作，你就去要求现在的雇主加薪，如果他们拒绝，那你还有备选。你还可以选择直接跳槽，不必让现有雇主尴尬。毕竟，如果你所在的公司或组织认可你的价值，并且不用你求着加薪就会付给你应得的报酬，那感觉非常棒。

以下几种方法也能帮你实现工作收入最大化。

提升或拓展你的技能

想办法提高你的工作能力。你可以参加专业能力提升会议或者去上课来拓宽自己对行业的认识，你还可以去考取证书或者深造学习。总之，你需要的是能够给你底气的东西，让你能理直气壮地到雇主面前说：我现在能力更强了。

不过，你在自费购买此类课程之前，可以先确认一下公司能否为你报销费用。你可以跟公司沟通，强调此类专业培训将惠及公司，那公司更有可能会帮你报销。很多公司都会考虑帮员工报销证书或课程费用，大公司甚至会报销学位课程的费用。

如果公司认为这种继续教育和技能发展对公司有利，那就更愿意为此买单。另外，企业是可以冲销这些成本的，所以这对企业来说并不完全是净支出。

对你来说，即便你不再做这份工作，但你接受过的教育就变成你的了，谁也抢不走。

争取最高入职薪资

如果你当前没有正式工作或者正在找新工作，那你要做好准备，争取最高入职薪资。如果你从一开始就想要主业收入最大化，那你可能不需要再去寻找额外的收入来源了。但是你也不能坐等最好的工作机会从天而降，你要去主动争取。

为确保拿到最佳薪资，你在申请入职之前要做好准备，了解一家公司愿意为这份工作提供的薪资范围，这些公司最开始提出的薪资水平往往不是最佳薪资。

你还要知道自己能享受什么福利，包括工作时间是否灵活，休息时间是否足够，这些对你来说都是有量化价值的。申请之前先明确自己的需求，并做好谈判的准备。

还记得我的朋友桑迪吗，那个卖 T 恤能手？她在一次面试时跟面试官说，她不想一周五天都去曼哈顿上班，坦言自己一周需要有两天居家工作。

她得到了这份工作，并且时间安排也如她所愿，她说："他们提供的工资低于我的预期，但我也可以接受，因为我能节省通勤和置装等费用。"

如果她当时没有开口提要求，那就不会有这样的结果。

在入职时争取最佳薪资能够增加你的收入，还能影响你的工作状态和你对同事的态度。如果你入职时提的工资低，入职之后发现旁边同事赚得都比你多，那你心里就会非常难受。

申请工作时要保持开放的心态，即便你对自己没有把握，也要给自己一个机会。据一些报告统计，有些女性只有在自己完全符合标准的时候才会去应聘，而男性在自己满足 60% 的条件的时候就会去尝试。这也太夸张了，女士们，我们可以做得更好！我希望大家都能够给自己一个机会，去发挥自己的潜力，改变自己的生活。

你的任务：

第一，你在正式开展副业之前，先看看主业的收入还有什么提升空间。多去几家公司面试谈谈薪资。

第二，认真地把自己的成就记录到"夸夸书"或"为自己加油"文件夹（也可能是其他名字）中。这些记录最终成为你要求加薪的依据。

第三，提升自己的技能，并以此为理由要求加薪。

第四，多去参加面试，多练习，增强自信；只要满足 50% 的要求就可以去申请工作。

预算天后建议：桑迪说："很多人会忽略自己工作的加薪空间，所以我总是鼓励他们，问他们，让他们去做这些事情：跟经理谈谈、制定今年的目标、写下自己的成就、谈谈自己的晋升路径、参与拓展课程，以便升职或加薪。"

行动 2

评估自身技能

　　如果你的主业已经没有任何加薪空间，但你需要更多的钱，那你就要考虑开展副业了。开展副业最难的是不知道从哪里开始，不过别担心，有我呢。

　　首先，你要盘点一下自己的技能。每个人都有技能，只不过多数人根本不了解自己的能力。

　　关键是要找到可以变现的技能，但并不是所有技能都可以创造收入。你可能是你们小区咖喱做得最好吃的人，但你要把美味的咖喱装瓶拿到网上卖吗？也许会吧，但也可能不会。这能赚钱吗？这是你在投入金钱、精力和时间之前必须要弄清楚的。

　　要确定自己的技能，并不需要正经八百地去做什么。你每天所做的各种事情都需要特定的技能，包括做你的专业工作、做全职父母、作为成年子女照顾年迈父母以及为周围邻居跑腿办事。每个人都有自己擅长的事情。坐下来好好想想，"要做某件事，我需要什么技能？"

　　先从你的专业工作开始，然后再去深挖生活中的其他领域。你还擅长做什么事情？写作？搞技术？组织活动？

　　把一些技能列出来后，你可能一看就知道自己没有进一步的兴趣了，那就把它们划掉，这没关系。这是一个很好的开始，慢慢来。

这种自我评估比较简单，但效果比正规的个性评估或职业评估更好，其实本来就不用那么复杂。

当然，你擅长的事情并不一定都能变成副业。例如，很多父母很会教自己的孩子，但是他们知道自己不会成为好老师。

如果你做了自我评估还是一筹莫展，那你可以找家人和朋友帮忙。去问他们："帮我想想，我擅长什么？"有些人自我意识没那么强，这很正常。

例如，我妹妹特蕾西曾在全球最大的金融公司就职。如果你在那时问她擅长做什么，她就会说："我是一名分析师，我擅长理财。"但是，她还会为我做造型，所以她也可能会说："噢，我擅长搭配服装。"

说实话，如果你问我她的特长是什么，我会说她很有条理性。特蕾西非常有条理，甚至到了令人讨厌的地步。她可能并不认为这是自己的最大优点，但是在外人看来，她做什么都很有条理，在帮我搭配衣服时也是如此，她会记下我已经穿过的衣服和最适合我的衣服。现在，她的技能有了新用途，因为她成了我的公关。

公关的主要工作是开展推广、宣传和跟进工作，并创建、更新和维护相关的电子表格。这就需要条理！不过，刚开始的时候，特蕾西觉得自己并不适合做公关。可是现在呢，她已经"大杀四方"，让我获得了最广泛的媒体关注，甚至还给我带来了新客户，并且她与他们相谈甚欢！这一切都仅仅是因为她把自己最突出的一项技能用在了工作上，而这份工作也让我们有了更多相处时间。工作福利！

预算天后的由来

失去幼儿园教师的工作后，我陷入财务低谷，花了两年时间才重拾希望。我从低谷往上爬的过程中，人们来找我，让我帮他们制作预算和解决财务问题。起初，我觉得自己在管理财务和制作预算方面的能力并不算突出，不会有人愿意花钱跟我学习。

但他们都来找我帮忙，我便开始为他们提供帮助。后来，我圈子里的所有人都知道了，在预算和储蓄、债务和信贷规划以及财务问题方面，我是专家。虽然花了一些时间，但我的技能终于开始有回报了，不仅能帮别人解决问题，还能给我带来收入！

这对我来说是醍醐灌顶的一刻，预算天后也因此诞生。我知道自己是个好老师，但是如果我身边的人没有让我看到自己的技能，我根本想不到自己能教别人理财。

你的任务：

第一，盘点并确定你的技能。有些技能可能很明显，但再小的技能都值得关注。

第二，直接问自己和身边的人："我擅长做什么？"把他们分享的内容列出来，保存好。

第三，有些技能背后还有支撑技能，例如，你擅长穿衣搭配，那可能是因为你善于关注细节。

预算天后建议：如果你不知道怎么确定自己的技能，那可以参考桑迪提到的一个小练习。她说："这周如果有人来问你的建议或找你帮忙，那就记下来。他们来找你是因为看到了你的能力，但你自己可能没意识到。到周末，评估一下你记的内容，看看你帮他们需要什么样的技能。"

行动 3

确定可以变现的技能

列出你的技能清单后，你要认真查看，确定哪些技能可能会带来一些收入。有些事情你能做，别人不一定愿意花钱，但他们可能会花更多钱让你做另外一些事情。

要创造新的副业机会，最重要的是容易上手。你要充分利用自己现有的谋生技能，因为如果你在有本职工作的情况下做副业赚钱，你肯定不想从头学习一门新技能。而且如果你热爱自己的本职工作，那为什么不充分利用现有技能呢？例如：

如果你的主业是会计，你可以尝试为小企业记账；

如果你是工程师，你可以考虑为专业相关的项目提供咨询；

如果你在人力资源领域工作，你可以收费帮人制作专业简历和开展求职面试练习。

明白怎么做了吗？你可以利用当前主业的技能来开发副业赚钱。如果你想实现副业收入最大化，那我建议你多关注以下几个方面的内容：你在学校学习的专业，你学位/证书所属的领域。总之，你拥有的学位、证书以及头衔都能帮你多赚钱。

我在 22 岁的时候初为人师，我想赚些外快，觉得做家教和保姆对我来说比较容易。因为人们知道我是经过政府全面审查的，不会是什么疯癫之人，而且我的指纹已经录入相关数据库。人们一知道我是老师，就觉得我能帮他们照顾孩子。几年后，我获得了教育硕士学位，这也增加了我的家教工资。事实上，有了硕士学位后，我的家教工资是没有硕士学位的人的两倍。

很多工作技能都可以用于发展副业赚钱。如果你是一名看门人，你可以在周末做杂工；如果你是零售品牌的买手，那你可以在工作之外做个人造型师；如果你是房地产经纪人，你可以成为一名置业顾问。凡此种种，不一而足。

如果你想知道工作中的哪部分技能可以用于开发副业，你可以上克雷格列表网①，输入一些关键词，看看会出现什么结果。输入你的主业，例如教师、清洁工、护工、会计等，看看会出现什么副业选择，其中可能会有一些你从未想过的潜在收入来源。另外，如果你在克雷格列表网上看到这种工作的广告，那说明有人在找人，并且愿意为此类服务付钱。而获得此类报酬的人有可能就是你。

假如你的技能还处于初级水平，那你要想借此赚钱，还需要先投入一些钱。如果你不知道该投入多少，那我建议在最开始的时候，或者如果你只是将其作为兼职的话，先确保你投入的资金有明确和直接的回报。当你有足够资本的时候，你才能期待投资会产生间接回报。

假如你是一名出色的业余面包师，你家里的每个人都想让你为他们做生日蛋糕，并且一直劝你去做蛋糕生意。下面我给大家展开讲讲其中的直接和间接投资回报。

直接投资回报项目：制作蛋糕的原料（面粉、糖、鸡蛋、发酵

---

① 克雷格列表网（Craigslist），克雷格·纽马克（Craig Newmark）于 1995 年在美国加利福尼亚州创立的一个大型免费分类广告网站。——译者注

粉等）和蛋糕包装材料（盒子）。这些都是你制作和出售蛋糕需要的东西。

间接投资回报项目：名片、传单、网站，甚至还包括一个更大的烤箱。这些都是帮你吸引客户的东西，烤箱则能帮你增加产量，但是对于销售第一批蛋糕来说可能助益不大。

当你刚开始副业的时候，你应该关注直接投资回报。你肯定要做预算，预算总额就是即便副业失败你也愿意投资并且愿意承担损失的金额。

桑迪正好认识一个处于这种情况的人，我们叫她莎拉吧。莎拉喜欢也很擅长烘焙蛋糕，并且能够做出各种口味的蛋糕，但是她一点也不擅长装饰蛋糕。我们都知道，蛋糕好看才好卖，对吧？因为我们首先要看卖相的！于是，莎拉去上了两节蛋糕装饰课程，之后，她不仅能提高蛋糕的价格，还辞了全职销售工作，全心全意烘焙和出售蛋糕。

对莎拉来说，她的投资就是两节蛋糕装饰课程，而这改变了她的生活。她之前已经是家人和朋友们的首选面包师了，但她没有满足于此，而是更进一步，把蛋糕做得更漂亮，也因此得到了回报。

再给大家举一个好例子。珊蒂是以前住在我们街区的一个女孩。她当时只有 16 岁，但是很会编辫子。由于她还在上学，所以只能周末在自己家门口帮别人编头发，而她的朋友们愿意付给她 20 美元。

她的生意就这样做起来了！但她还需要买些用品，例如梳子、发胶、坐垫、毛刷等。既然做生意，那肯定需要时不时地追加投资，而她的客户也一直给她支付现金，所以她的投资产生了直接回报。

我这么跟大家说吧，当你刚起步的时候，你是想假装做起了生意，还是真的做起了生意呢？

假装做起了生意的意思是，"我有网站、钢笔和名片，还有办公空间和办公用品"。有了这些东西，你看起来是做起了生意，但这并不意味着你真的做起了生意。你有这些漂亮东西，却不一定能赚到钱。

真的做起了生意的意思是，你的产品或服务赚了钱。莎拉和珊蒂的产品和服务为她们带来了收入，所以她们确实是做起了生意，而网站、名片和装点门面的东西可以晚点再说，她们也是这么做的。

你已经开始做副业了吗？如果是，那坦白说，你是假装做起了生意，还是真的做起了生意？

你的任务：

第一，再次查看你的技能清单，把你觉得能赚钱的技能圈出来。

第二，先考虑你在当前工作中使用的技能，与教育背景相关的技能，以及其他经过培训的技能。

第三，利用克雷格列表网确定你的工作技能是否可以用于发展副业。

第四，确定启动副业是否需要投资，并马上开始存钱。确保起步时的所有投资都会带来直接回报。

第五，专注于做成生意，而不是假装做起了生意。

预算天后建议：一定要先做些研究，确保你在做或想做的事情有市场需求。桑迪说："我跟学生说，不管他们想做什么，都先去谷歌趋势上搜索一下，上面会展示过去 6 个月、12 个月，以及你选择的任意时间段的相关搜索次数。这样你就知道是否有人搜索了你想做的事情。如果搜索次数为零，那就是没有人搜索过与你的副业相关的内容，所以你也不大可能会赚到钱。"

重视收益

记住，你在努力打造副业，而不是业余爱好，所以你不能忘记你的目标是赚钱。不要投资一个没什么收益或者不值得投入时间的夕阳产业，就像别人都涌向网飞而你却做线下大片一样。

遗憾的是，我们总是会犯这个错误。我们在追求自己热爱的事情时，总是忘记考虑收益。我们会说："啊，这真好，能多赚点钱固然好，但是我们不能只盯着钱。"

但是，你在投入大量时间、金钱和其他资源之前，一定要考虑收益，这是最重要的。

行动 4

预测潜在收入

评估完自己的技能并且确定哪些可以变现后，你要把各方面都厘清，然后开始着手做副业。

我有一个朋友叫琳达，她持有社会工作学位并且曾在家庭和儿童服务机构工作。她擅长与人相处，很体贴，并且能敏锐地发现问题，这正是她的专业所在。有一段时间，琳达的副业是开车接送我们一位共同朋友的母亲去成人日托机构，每周要接送好几次。我的朋友知道琳达擅长与人打交道，一定能保证她母亲的安全。她知道，如果说谁能让她母亲谈谈这天到底过得怎么样，那这个人一定是琳达。

琳达这份开车的工作报酬很高，甚至比其他司机的收入都高，因为她目光敏锐，并且总能提出正确的问题，我们的朋友对此再清楚不过了。

琳达还很擅长帮助人们获得他们可以享受的健康和安全服务，例如，帮助人们找到家庭护工，让人们利用直达交通工具去看医生，以及让保险公司在客户家中安装轮椅坡道。而在应对复杂的电话沟通系统和烦琐的客户服务流程方面，她不仅有独特的技巧，而且还很有耐心。我跟琳达说，她应该成立一家叫作"全天候支持者"的公司，帮助人们获取和管理此类需求。

琳达算了算她社工工作的时薪和每周开车接送朋友母亲的收入，然后确定，如果要超过当前的周薪，她提供"全天候支持者"服务的收费至少应为每通电话150美元。而且她可以在家提供此类服务，所以能够大大减少开车和通勤费用。虽然要在家里工作，并且主要是面对着手机或电脑，但是这样能够帮助更多的人，最终，琳达决定冒着风险创办这家公司。

琳达利用自己擅长的事情为自己创造了一方新天地，她基于主业开发了一种新型工作。她真的很擅长做这种事情，满足了人们的需要，所以大家愿意支付150～250美元的单价来利用她的技能。

琳达是副业领域的佼佼者，她的故事充分证明了，你完全可以把自己的核心技能转化为优质的副业。

我想告诉大家的是，不要害怕去创造全新的可能。

你可以利用自己的一项核心技能去不断积累机会。例如，我的一位客户擅长图形制作和平面设计，这项技能为她创造了很多机会。她为人们创建社交媒体图形，为个人品牌制作画册，设计平面和数字广告，还做视频特效。仅仅是平面设计这一项技能，她就能做四五种不同类型的设计兼职。她的每一件设计成果都明码标价，她把自己的技能出售给许多客户，从而量化了自己的时间。

如果你不知道怎么给自己的产品或服务定价，那我教你一个小技巧：上网搜索相似产品或服务，参考其他公司的定价。

如果你想将一种技能变现，那你一定要保持开放的心态，因为机会总是以出人意料的形式出现。你听说过"代排族"吗？他们代替不能到场的人排队购买热门商品和活动门票。没错，他们代人排队并收取报酬。所以说，要保持开放的心态，否则你可能会错过赚钱的机会！

你的任务：

第一，看看你在上个任务中圈出的技能，这些都是有可能带来收入的副业技能。

第二，上谷歌搜索，计算出你每项技能可以赚多少钱。

第三，访问克雷格列表网站，输入你可能开展的副业，看看别人的服务收费标准。

预算天后建议：桑迪在脸书网上创建了"与桑迪一起做副业"群组，其中最受欢迎的一项活动是"500 美元副业挑战"。她说："如果你设置一个目标，那很多东西就不会显得那么遥不可及了。你可以将每月目标定为 500 美元，这样等于每周赚125 美元，每天约挣 8 美元。这就是你的目标。"

> 我喜欢这种挑战，因为它给人设置了明确的目标。你可以加入桑迪的群组或者给自己找一位责任伙伴，按照计划打卡以确定自己的进展。

回顾

你听到了吗？听到我为你欢呼的声音了吗？**你的财务系统完整性已经达到50%了**！你已经知道怎么赚外快了，那现在就做个选择吧，决定第一步做什么。你要创建"为自己加油"文件夹吗？你要去询问家人和朋友你擅长什么吗？你要拓展自己的技能，从而增加自己要求加薪的底气吗？不管选择什么，你都要尽快采取行动。

等下！行动之前先跟我分享一下，这样我就能马上给你我的爱意。在社交媒体上联系我，与我分享你的进展，那我就会成为你的小粉丝了。

第七章

为退休和财富投资

目标
打造60%完整的财务系统

说实话，你是不是跳过了前面的基础内容，直接从这章开始读的？我很理解，很多人都会这么做，毕竟投资就是让钱生更多的钱，谁不想快点动手呢？简而言之，投资就是财务的精华部分。我们来看看吧！

　　人人都想学习投资，想要赚取收益，但并不是人人都愿意准备些必要的知识。就像是在鸡尾酒酒会上，他们觉得投资是个洋气的话题，所以对此夸夸其谈，但是真的要下功夫的时候，他们却听不进去财务顾问的风险和策略之言，觉得人家又呆板又啰唆。要来点香槟酒和鱼子酱吗？当然！要谈谈细节和数据吗？那算了，谢谢！

　　但你不是这样的人吧？你肯定会先弄懂那些术语、了解自己的选择、学会那些必要的步骤，之后再去投资追求自己的目标，对吧？非常好！

　　投资就是在今天采取行动照顾未来的自己，这是你能为自己做的最好的事情。即便你起步较晚或者收入一般且存款较少，那你也可以通过投资为现在和将来打算，让自己过上美好的生活！

　　好的，既然你可以全心投入，那我们就开始学习吧。在本章中，我们要学习关于投资的一切，包括具体的投资步骤，以实现两个具体目标：退休投资和财富积累。

退休投资： 退休投资的目的是让你存足够的钱，以便到退休后也能继续维持当前的生活方式，过上舒适的生活，不用担心自己要一直工作。

财富积累： 财富积累的目的是让你改善当前和未来的生活，并且能留笔遗产。你想坐飞机去私人岛屿吗？我也想！那我们都需要为财富投资。

在阅读本章的过程中，要始终牢记：金钱像是一棵大树，活着就会不断生长。而投资不仅能让你的"摇钱树"根深蒂固，还能枝繁叶茂。

为退休投资

为退休投资，等你准备好停止工作时，你将有足够的钱来舒舒服服地享受退休生活。另外，为退休投资的话，即便你在传统退休年龄（60多岁）之后继续工作，那也是因为你自己选择如此，而非被迫如此。

想要拥有选择退休或继续工作的自由，仅凭可爱、聪明或成功可不够，不过我觉得你肯定可爱、聪明又成功。要想拥有这种自由，唯一的方法就是重视退休投资，在享受生活的同时尽可能多投资，投资越久越好，而且不要动投资资金，要让它不断累积、为你赚取利息！

为未来某一天并且可能是很遥远的一天存钱是一场持久战，而坚持去做这么虚无缥缈的事情并非易事。为了让这个过程轻松一些，我想了一个好办法，那就是想象未来的我，那个我在为之存钱的人。我给她起了个名字，这样我就能跟她聊聊天。创造了"年长的我"这个人物形象后，我做财务决定时就会想到她，提醒自己要好好照顾她。她的名字叫旺达。旺达很时髦，有点爱管闲事，喜欢坐在门廊上，街坊的八卦新闻她知道得一清二楚。她的退休生活过得很自在，所以她才有时间去关注各种鸡毛蒜皮的小事，她连你不是天生黑发都知道，她会说："哎哟，我差点就相信了！"当我为当下和未来的自己做决定时，我总会想想旺达：这样做对旺达有好处吗？毕竟，蒂芙妮加班、熬夜或早起都没问题，甚至还可以再做一门生意。

但是旺达不行。旺达已经退休了，她想休息。即便她仍然身体健康，头脑敏锐，但她愿意去做的事情有限。我不想让旺达有压力，不想让她自己照顾自己，我应该照顾她的。但我觉得，我们都没有充分认识到的一点是，**年轻的自己要为年老的自己做好打算**。

20多岁的时候，我想去旅行挥霍一把，但是没有钱，我就想着刷信用卡，但我其实也没有能力立即还款。这时候，我就能听到旺达嘲讽我："哟，你要去巴黎呀？真好啊。我每天都在吃方便面，但你去埃菲尔铁塔玩得开心就行，虽然你把钱都花了，而不是为退休存钱，不过没关系。"她一说，我就老实了！

花点时间，想象一下未来的你，你今天所做的决定将会影响这个人。阅读这章时也一定要记着这个人！

计划

持续自动地往退休账户存钱，照顾未来的自己

我想不到什么委婉的说法，所以就直说了：如果你不利用现有的工具为退休做准备，那你就是在亏钱，而且是一直亏钱，这背后有很多原因。

有些公司会提供退休计划，但是很多人对此一无所知。如果你觉得无聊而没去参加公司的"为退休投资：了解你的选择"会议，那这些一无所知的人中也包括你。

有些人觉得自己还很年轻，不用为退休投资。这么想可错了，为退休投资这件事，什么时候开始都不会太早，什么时候开始也不算太晚。

有些人认为自己当前没有足够的钱，没法为未来投资。

有些人的父母、兄弟姐妹或朋友都没有为退休投资，他们没有学习的榜样，自然不会重视这件事。

另外，不为退休投资的一个更可能的原因是，很多人觉得自己永远都存不够安享退休生活所需的钱，所以干脆就不存了。

但我想告诉大家的是，你们很快就知道如何去了解公司提供的退休计划了，而且你们要相信，为退休投资并没有那么复杂，你什么时候开始都不算太早（也不算太迟），而且现在你们有我作为榜样了。最重要的是，我要改变你们对存款金额和投资方式的态度。其实你并不需要存一大笔钱，你只要存下一笔种子资金，然后让它成长为你可依靠的参天大树。

那我们就把橡子想象成美元吧（应该不难想象，毕竟你已经是一只超级会储藏的松鼠了），假设你计算得出，自己需要100万颗橡子才能在60岁退休，那你可能会想，我永远都收集不到100万颗橡子并且把它们存起来以后用！

但是，你也可以这么做：收集少量的橡子，然后把它们种起来，让这些橡子长成橡树，再产生更多的橡子，而这些橡子又会产生更多的橡子，这样是不是更可行呢？

总之，我想告诉大家的是，如果你把钱存入退休投资账户，这些钱就会生出更多的钱，就这么简单，就这样循环往复，不过我们后面再详细讲！

预算天后智囊团

在本章中，我要向大家介绍我的好朋友凯文·马修斯二世（Kevin L. Matthews Ⅱ）。凯文是一位财务规划师和畅销书作家，被 Investopedia[①] 评为 100 位最具影响力的财务顾问之一。凯文拥有汉普顿大学经济学学士学位、西北大学金融规划证书和哈佛商学院颠覆性战略课程证书。他可是有内部情报要分享给我们！

行动

以下是为退休投资的 4 项必要行动。

第一，确定退休所需存款额。

第二，确定存款账户。

第三，选择投资组合 / 资产配置。

第四，设置自动化，尽可能限制取款和借款。

---

① 著名国际性金融教育网站，提供投资相关知识和资源，范围广泛，涉及银行利率、金融、商业、证券、股市投资等诸多领域。——译者注

行动 1

确定退休所需存款额

要想为退休投资，你必须从储蓄开始，先达到具体的储蓄率。储蓄率是收入减去支出再除以收入得到的百分比，例如，如果你收入 1 000 美元，存 300 美元，那你的储蓄率为 30%。提高储蓄率有两种方法：一种是多赚钱，另一种是少花钱，我们在第二章就已经介绍过了。

我在第二章中还提到，储蓄的一个重要目的是让自己有钱投资。那现在就是一探究竟的时刻了！你的存款能力在很大程度上决定着你能否退休。你存的钱越多，投资越多，你就能越早退休。

如果你想提前退休

如果你想疯狂地为退休存款，然后早日退休，那可以简单地将年支出乘以 25，得到的就是你安享退休生活所需的存款额，不过，你还要遵守一个 4% 法则。

如果一个人能够存下年支出 25 倍的钱用于退休，并且在退休后每年仅取退休账户中 4% 或更少的钱来维持生活，那账户里的钱基本上是花不完的，而且这还是算上通胀成本（增加）的结果。为什么要这么计算呢？在过去 30 年中，市场平均年收益率为7% ~ 8%，高于 4%。

所以你的退休投资年收益率至少要为 4%，这样你在退休后就可以靠利息生活，而不必动用本金，即你的实际退休存款。如果你的退休投资年收益率超过 4%，那就更好了，你可以将超出部分再投资，用于补充收益较少年份的花费。

FIRE运动

如果你想提前退休，并且已经研究过可行的投资方案，那你很可能已经接触过 FIRE 的概念。FIRE 代表着"Financial Independence, Retire Early"这四个单词，意思是"财务独立，提前退休"，而对这个目标的追求俨然已成为一场运动，就像野火一样蔓延开来。

FIRE 概念最初源于维姬·罗宾（Vicki Robin）和乔·多明格斯（Joe Dominguez）的书《要钱还是要生活》（*Your Money or Your Life*），其基本理念就是将自己 70% 的收入都存起来并进行投资，直至存款额达到当前年支出的 30 倍。达到这个金额后，你就可以退休了，每年使用其中的 4% 或更低。上文已经提到，因为市场平均年收益率为 7% ~ 8%，所以 4% 是一个可持续的消费水平。

达到储蓄目标并不意味着你可以从此过上挥金如土的生活，FIRE 后面还应该再加上一个 F，代表节俭（frugal），不过 FIREF 说起来就没那么顺口了！

不提 FIRE 运动，我们继续谈提前退休。假设你现在的年支出是 5 万美元，乘以 25 年，即，

$$50\ 000（美元）\times 25 = 1\ 250\ 000（美元）$$

这就是你要存的金额。在你退休期间，如果这笔钱的年收益率为 8%，那你每年获得的利息为 1 250 000（美元）× 0.08=100 000

（美元）。在理想情况下，如果你每年只花费 4% 的资金，即 5 万美元，正好是利息收入的一半！这样你就有 5 万美元用于年支出，还有 5 万美元用于再投资，以进一步补充你的 125 万美元本金。

如果你想更像松鼠……

如果你想存更多钱，你可以将年收入（而不是年支出）乘以 25，然后按照得出的数额进行储蓄和投资。这种方法的好处在于：第一，更易计算，毕竟收入很明确；第二，收入数额更大，并且 25 倍收入的存款能为你的退休生活提供更大的缓冲。但这种方法也有缺点，由于收入高于支出，所以你要实现退休存款目标需要花更长的时间。

如果你较为保守，并且不介意晚点退休

如果你没那么着急退休，或者觉得自己不需要那么多缓冲，那你可以将当前的工资（而非支出）乘以 12。

$$50\ 000（美元）\times 12=600\ 000（美元）$$

当然了，退休后的生活也许超过 12 年，但如果你好好规划，你的钱就能用得更久。按照这个储蓄率，你要晚些退休，以便充分享受社保福利，同时要严格遵守 4% 的规则，尽可能少取钱，当你的收益率超过 4% 时，一定要将超出部分再投资。

总而言之，你的储蓄率越高，你就能为未来做更多投资，你的

"旺达"为钱烦恼的可能也就越低。

支出的自然减少

退休后，你的很多支出可能会减少，包括房款、通勤费和置装费等。如果你的收入降低，你也许还可以享受老年人优惠，少缴一些税。这些都能让你的钱支撑更久（对于多数人来说，退休后支出水平在退休前支出水平的 75% ～ 80% 会比较舒服）。当然，并不是所有支出都会随着年龄增长而下降，医疗险的费用可能会有所增加。我将在第八章介绍有关内容。

确定存款数额

既然知道了自己的退休存款目标，你就要确定每年存多少钱才能实现这个目标。也就是说，你要把多高比例的收入存入退休账户？

如果你想为退休做好万全的存款准备，那你至少要将 20% 的收入存入退休账户。如果你的年收入为 5 万美元，那你每年要存 1 万美元（每月 833.33 美元），我知道这看起来很多，但别着急，等下你就知道怎么做了。

你可能会想，为什么要往退休账户中存这么多钱呢？或者说，按照 1 万美元这个数额，什么时候才能存够 100 万美元呢？那我们就不得不提复利这个小奇迹了。大家可能还记得，我在第四章提到了复利，但我要再次强调，如果你是在赚取复利，那它就能为你带来奇迹，如果你身陷债务，需要支付复利，那它对你来说就是灾难。

复利是指你的钱能赚取利息，而利息还能继续为你赚钱。也就是说，利息能够生成利息。这跟我前面提到的橡子长成橡树的例子是同样的道理。如果你把其中一些橡子种到地里，让它们长成橡树，产生更多的橡子，那你就不用储藏100万颗橡子了。换言之，你不必靠存钱实现退休，而可以靠钱生钱来实现目标。复利就能帮你的钱生钱。

有的计算复利的方法非常复杂，感觉像是爱因斯坦才会用的计算公式，我就不列出来让大家烦心了。我想分享的方法叫作"72法则"，能直截了当地展示复利的原理及其增加收益的速度。

根据"72法则"，你只需用72除以利率，就可以算出在特定利率下大概需要多少年才能将资金翻倍，如下所示。

$$72 \div 当前利率 = 资金翻倍所需的年限$$

例如，假设利率为6%，72除以6等于12，那么实现资金翻倍需要12年。

以具体的数字为例，如果你投资1 000美元，利率为6%，那么这笔钱将在12年后翻倍，增长到2 000美元。如果初始投资是5 000美元，利率为8%，那这笔钱将在9年（72÷8=9）后增长到1万美元。

当然，知道资金翻倍所需年限不等于知道将存款增加到收入25倍的年限。我用networthify.com网站上的计算器算了算，如果你将20%的收入存起来，那存够年收入的25倍所需的时间为……

请奏乐，谢谢。

答案揭晓：40年还多一点！除了我4岁的外甥罗曼，谁有那么多的时间！

所以说，即便复利能带来神奇的变化，但要实现退休存款目标还是要花很长时间，因此，你在为退休而存款的时候，一定要非常有策略性。那接下来我会详细展开，继续读下去吧。

一剂强心针

嘿，你现在是不是感到有些慌乱，觉得自己永远都存不够退休目标金额？ 10 年前的我也这么认为。但我当时决定，每月多少都存点钱，刚开始的时候每月存 5 美元，有些月份甚至还不足 5 美元，持续了近 1 年。

其实重点不是 5 美元，而是培养习惯，为未来投资，为梦想创造可能。那时候我对自己说，现在虽然是每月 5 美元，但慢慢会变成每月 50 美元，500 美元，甚至更多。

要想富，先行动。我保证，你追求的目标同样也在向你奔来。要实现多大的目标，你就要付出多少精力。当你积极地去追求目标时，目标就会离你越来越近，当你停止努力，目标也停在原地。你不必一路走到底，因为梦想总在半路等着你，你只需坚持前行。

下面这些方法能帮你为退休生活存下更多资金。

方法 1：利用工作单位提供的养老金匹配和利润分享计划。很多公司会根据你缴纳的退休金为你缴纳一定比例的养老金 [401（k）计划，非营利组织、学校和政府雇员则为 403(b) 计划] 作为匹配，这可是白得的钱，千万不要错过！询问人力资源或福利部门，了解公司是否提供此类匹配，并确认公司每年如约将匹配资金打入了你的退休账户。这部分资金有助于你实现整体目标。如果公司提供6%的资金，你自己可以存入14%，加起来就是20%。太棒了！

如果公司不提供养老金匹配，也可能会提供利润分享。也就是说，公司可能会给员工分钱，发到退休账户中，但是员工不需要为此缴纳相应的比例作为匹配。如果公司提供此类支持，那金额大小完全由公司决定。如果公司在这一年没有盈利，那就不会向员工提供此类分成。

养老金匹配是什么意思

如果你的雇主提供养老金匹配，那他们就会根据你的年收入（扣除税费前的工资）为你缴纳一定比例的养老金，一般为1%~10%，也有可能更高。在某些情况下，你需要满足一些条件才能获得匹配的养老金。例如，一些公司可能要求，员工有一定的工作年限后才能享受养老金匹配，或者拿到公司已经缴纳的资金（即获得资金所有权）；一些公司可能要求你缴纳同等比例的资金，缴纳最高额度，才能拿到所有匹配养老金；还有些公司匹配的养老金比例并不完全对等，公司可能只匹配一半的资金，如果最高匹配比例为3%，你想要拿到匹配资金，则需要自己缴纳6%的资金。但是不管公司的缴纳标准多苛刻，匹配养老金都是白得的钱，所以一定要拿到！

方法 2：将退休存款目标定为年支出（而非收入）的 25 倍。你的年支出应该是低于年收入的，但是你只用按照支出数额存钱，因为退休后应该也是这样的支出水平。如果到时你的支出减少，你的钱能花得更久。

方法 3：将退休存款目标定为年收入的 12 倍（而不是 25 倍）。如果这使得目标金额减少，你也能更快地实现退休存款目标。退休专家们分享成功退休建议时，都会提到存够年收入 12 倍的概念。原因还是跟前面提的一样，到传统退休年龄后（65 岁左右），你的很多支出都会减少，并不需要那么多钱了。如果你不介意晚点退休，并且退休后支出少点，那你就可以少存一点。

方法 4：多赚钱，提高储蓄率。你赚的钱越多，能存的钱也就越多。在第六章中，我已经介绍了如何增加工作收入和副业收入。

方法 5：如果符合条件，一定要使用罗斯个人退休账户（Roth IRA），后面会介绍账户和使用资格。罗斯个人退休账户里的钱都是税后资金，所以你退休后就可以免税取款。罗斯个人退休账户里的钱越多，你之后的税款就越少，你需要存的整体金额也就越低。不错吧？

方法 6：降低用于退休存款的年收入比例。前面我说过，将收入的 20% 存起来用于退休是最佳（A++ 级）退休存款方案，这是真的。但说实话，你可能存不到 20%，反正我长期以来都做不到，直到最近才可以。不过如果你能存收入的 10% ~ 12%，那就算不错了（B+ 级）。尽力而为，即便只能存 5%、1%，甚至是 0.05% 也没关系。你理财理得越顺手，你能存下来的就越多。关键是要马上行动，而且你存的比例越高，就能越早实现目标。不过，退休账户是有存款金额限制的，我会在本章后面详细介绍各类储蓄账户。

方法 7：找工作时考虑雇主提供的退休金计划。有些雇主非常慷慨，不仅提供匹配退休金，还会与员工分享利润，加起来的总额可能还不小呢。假设你年薪 5 万美元，公司每年为你提供 3% 的匹配退休金和 6% 的利润分成，加起来就是 9%，快赶上你每年退休存款目标（年收入的 20%）的一半了！所以，当你面试一份新工作时，在年薪外还要考虑其他因素。这份工作提供的福利在很大程度上能帮你延长退休金的使用年限。

嚯！我们做到了！现在你也知道了，要实现退休储蓄目标，你要存够年收入的 12 倍或年支出的 25 倍，而且每月最好能将收入的 20% 存起来。最重要的是，不管你能存多少，你都要立即开始行动。另外，你还学到 7 种方法，能帮你把自己模糊的目标转化为清晰的现实。

你的任务：确定你的退休存款金额（年收入的 12 倍或年支出的 25 倍），计算每年（然后细化到每月）要往退休账户里存多高比例的收入才能实现目标。记住，要把个人存款金额和雇主提供的资金（如有）都算进去。

使用"72 法则"计算复利实现资金翻倍所需年限，并使用工具包中的计算器，计算实现退休所需的存款和投资年限。

预算天后建议：为退休做投资是一个增量投资过程。正如凯文所说："从 10% 或者更低的比例存起，然后慢慢增加。"

想做得更有仪式感吗？那就把增加存款跟生活中的一些事情挂钩。例如，每次生日的时候把退休存款比例增加 1%，或者加薪的时候把比例增加 2%。把增加存款标到日历上，这样你就会收到提醒。也许只是增加 0.5%，但多少都可以，坚持做下去，朝 10% ~ 20% 的目标慢慢迈进。

行动 2

确定存款账户

现在你已经知道自己的退休存款目标了，那我们就要谈谈把钱存在哪里了。对多数人来说，以下几种退休账户 [1] 都合适。

401（k）

401（k）是企业为员工提供的一种投资账户 [非营利组织、学校或政府提供的是 403（b）]，员工可以指定将一定数额的税前收入转入 401（k）账户。如果你从公司离职，那就不能再继续往账户里存钱，但可以保持 401（k）账户不变，继续赚取利息。你也可以将账户里的资金转入新公司提供的账户或者个人退休账户（见下文的个人退休账户）。

401（k）往往由第三方（如大型投资公司或福利公司）管理，但不管是谁负责具体的管理工作，你都可以选择将资金存入货币理财账户（基本上就相当于储蓄账户）或共同基金。如果你的公司提供养老金匹配或利润分成，那这部分资金和你自己存的资金（储蓄、股票、债券和共同基金组合）都会进入你的退休账户。退休之后，你可以取出这笔钱以及利息，并要为取出的所有款项纳税。无论资金构成如何以及增长速度如何，你都要为账户里的所有钱缴税。

---

[1] 下文提及的账户更多适合美国居民，我国读者可借鉴思考，举一反三地运用。——编者注

例子：假设你和雇主这些年来一共往你的 401（k）账户中存入 10 万美元，按照复利计算，这笔钱最终增长至 30 万美元。等你取出这笔钱时，你要为这 30 万美元纳税，数量不小，听起来让人难以接受，但是，你应该关注的是你取得的成果：你将价值 10 万美元的橡子变成了价值 30 万美元的橡树！另外，如果你一次性取出 30 万美元，那税额肯定很高，但是如果你不是一次性取完，你每次只用缴纳所取金额的税款。如果你每年仅用 3 万美元，那你只需缴纳 3 万美元产生的税款，而 401（k）账户里剩余的钱还能继续产生利息（就像是树上生出新的枝干）！

还有一个好处是，如果你在工作期间每年都往 401（k）账户中存钱，你当年的所得税会有所降低。这是怎么回事呢？假设你的年薪为 5 万美元，你每年往 401（k）账户中存 5 000 美元，那你纳税的基数就是 4.5 万美元，而非 5 万美元。现在你不用为存入退休账户的钱纳税，等到退休后取用时才纳税。但这种方案有一个缺点是，如果你在 59.5 岁之前从 401（k）账户中取钱留用或者用于其他目的，而不是将钱转入另一个退休账户，那这就叫作"提前取用退休金"，要缴所取金额 10% 的罚金，并且要按照当前税率纳税。

401（k）账户的一个突出优点是，它的退休存款限额高于其他退休投资账户（见下文）。

在我写本书之时，50 岁以下的人每年可以往 401（k）账户中存 1.95 万美元；50 岁以上的人还可存入 6 500 美元追加存款，共计 2.6 万美元。雇主最高可以为员工存入 3.75 万美元，那么 50 岁以下和 50 岁以上的人的账户最高总额分别为 5.7 万美元和 6.35 万美元。所以，如果你未满 50 岁，年薪为 13 万美元，那你存入 15%［130 000（美元）× 15% = 19 500（美元）］就已经达到了个人退休存款的法定限额。耶！不过存款限额是会变化的，所以记得每年跟雇主或财务专业人士确认一下。

什么是追加存款

　　追加存款是指 50 岁或 50 岁以上的人能在美国国家税务局（IRS）设置的年度存款限额之外多往 401（k）账户和个人退休账户中存的钱，用于弥补年轻时候或者经济困难时期存得较少的年份。我在 30 岁出头的时候就存得很少（尴尬），有关情况我在前言中已介绍过。

　　一般来说，随着年岁渐长，你的工龄不断增加，你的收入也会增加，所以追加存款的起始年龄为 50 岁。如果你有额外的资金，就可以用作追加存款，不过记得先咨询财务专业人士，因为各类退休账户的存款额度有所不同。如果你不认识财务专业人士，不用担心，我会在第十章介绍如何找到这类人员。

　　对于 401（k）账户投资，你还要考虑一个重要问题——基金管理费。基金管理费是指共同基金经理每年为管理基金（买卖、交易或转移资金）而收取的费用。他们做交易等工作都是为了提高基金收益，这于你有利。不过，费用太高也不行，有时候这个费用真的特别高！据估计，基金管理费会导致普通员工的退休存款缩水 20% ~ 30%，这意味着你至少要再多工作 3 年才能抵消这部分损失。这太久了！费用也太高了吧！那你要怎么办呢？

　　首先，你要弄清楚不同 401（k）投资方案的费用，而市面上有许多 401（k）账户投资方案供你选择。我建议大家使用美国金融业监管局官网（finra.org）的基金分析工具来了解不同基金的管理费，并确定你所选基金的管理费低于、高于或等于同类基金的平均费率。

如果公司提供的投资方案费用太高，你可以去跟人力资源或福利部门谈谈，建议他们纳入一些费用较低的基金。

不过，在有些情况下，即便费用过高（或者金融业监管局官网显示费用高于平均水平），401（k）账户投资还是会比较划算，例如，你所在的公司提供利润分享计划或匹配金额，且匹配金额高于费用。

此外，相比于传统个人退休账户和罗斯个人退休账户（见下文），你能往401（k）账户中投资更多钱，赚取的收益很可能超过管理费。不过，你要首先弄清楚到底收取什么费用及其造成的负面影响。在过去几年里，此类费用已显著降低，不过你还是要具体计算一下自己的费用。

投资术语入门

学习投资之前，我们要先弄清楚一些重要的术语。

第一，股票。什么是股票？股票也称股权，是指一家公司的一部分所有权。假如一家公司是一栋由数百万块小积木组成的房子，那你购买该公司的股票时，就相当于购买一部分积木。

股票有可能迅速升值，但也有可能迅速贬值，因为影响股票价值的都是一些不可预测的因素，如市场需求、产品成功程度、投资者兴趣和其他不稳定因素。所以说，持有股票虽然有好的一面，但是没人能保证股票的收益，而且股票的风险也更高。

第二，债券。债券有时是固定收益产品，有时又是提供给公司或地方政府的贷款。如果你投资债券，你就相当于借钱给一家公司（如沃尔玛）或一个地方政府（如新泽西）。它们会利用这些资金经营业务或完成项目，并给你一份相当于借条的文件，写明："谢谢你提供的贷款，我们会连本带利偿还给你。"对投资者来说，债券的稳定性更高，但收益率略低。

第三，共同基金。共同基金是不同来源的股票、债券和其他证券［股票、债券、共同基金、交易所交易基金（详见下文）或其他可买卖投资的总称］的集合。如果你购买共同基金中的股票，你就是在和一群投资者一起购买股票，所以叫共同基金，你和这些投资者就是这个集合基金的股东。这就相当于你们发起了一个众筹（这是好事，因为你的钱能用得更久），然后你们可以到市场上一起购买股票。

与个股不同的是，共同基金不能在交易日买卖，你可以在每天股市收盘后购买一次。多数共同基金都是由专业人士管理的，以便投资者集中资金，共同投资。

共同基金有时也被称为"指数基金"。根据雅虎金融，有些指数基金的架构是共同基金，而一些共同基金就是指数基金。在我看来，指数基金的架构更像是交易所交易基金，而不是共同基金。是不是觉得很困惑？我来解释一下。

第四，交易所交易基金。交易所交易基金有点像股票和共同基金的结合。它跟共同基金一样，是一篮子不同类型投资的组合；但是它跟股票一样，可以在交易时间在公开交易所（股票市场）买卖和交易。共同基金每天只可交易一次，但是交易所交易基金可以在市场收盘后交易。

第五，指数基金。指数基金就是以市场指数（标准普尔500指数、道琼斯工业指数、纳斯达克综合指数等，你可能在新闻中听过）为标的的基金，这些指数衡量的是某一细分市场的投资情况，例如，标准普尔500指数衡量的是在美国证券交易所上市的500家大公司的股票业绩。

人们很容易混淆共同基金和指数基金。简而言之，共同基金是指基金的结构（一篮子股票、债券和其他证券），而指数基金是指基金的投资策略，即基金的投资方式（反映具体市场的类型）。还不明白吗？别急，会越来越清楚的。

指数基金的目标不是战胜市场，而是反映或匹配市场。因此，多数指数基金都是被动管理型基金（投资方案由计算机自动选择，而不是人工选择），管理费（也叫费用比率）较低。

共同基金的目标是战胜市场，所以多数共同基金都由基金经理主动管理。他们每天（甚至每小时）都在做投资决策，因此，共同基金的管理费较高。清楚了吗？很好。

注意：有一条黄金法则是，你的钱涉及的人力越多，你要支付的管理费就越高。

你还要知道以下3个经常被提到的术语，不然听不懂大家的讨论。

第一，市场是股票（即公司股份）买卖双方的集合地，是买卖股票的交易场所。

第二，交易所是所有交易的汇集地，如纽约证券交易所。

第三，指数是你可以投资的公司的汇总，我在前面已经提过指数，这是一个很重要的概念，所以我要再进一步解释一下。你可能对一些指数名称耳熟能详，但是如果加上"指数"一词你可能就不认识了。以下是一些最广为人知的指数。

标准普尔500指数（又称标普500）：该指数中包括一些知名的大品牌，被视为最具代表性的美国股指。目前，该指数中包括百思买、克罗格、亚马逊等公司。①

道琼斯工业指数（又称道指，道琼斯）：全球最知名的指数之一。该指数中包括耐克、微软和迪士尼等30家大公司，被视为美国经济的晴雨表。可口可乐等几家公司同时在标准普尔500指数和道琼斯工业指数中。

纳斯达克综合指数：该指数反映的是纳斯达克市场中所有上市公司股票的综合表现，其中主要是科技公司和小型初创企业。

如果你投资指数基金，你投资的就是反映指数对应

① 百思买（Bestbuy）成立于1966年，是美国消费电子零售商巨头，主营消费电子、家居办公用品、电器、娱乐软件及相关服务；克罗格（Kroger）于1889年从日用杂货店起家，发展成为美国最大的连锁超级市场，二者均为《财富》500强企业。——译者注

> 市场表现的基金。例如，你购买的指数基金对应标准普尔 500 指数，那么当标准普尔 500 指数上涨时，你的投资就会升值，当标准普尔 500 指数下跌时，你的投资也会贬值。

我们再回到 401（k）账户。401（k）账户投资有一个缺点——投资方案都是预先确定的，你无法自主决定投资什么或者购买多少股某只股票。凯文说："你不能自己选择投资产品，它就像是从现成的菜单中点菜一样。如果菜单上没有苹果公司的股票，那你就买不到苹果股票。就这么简单。相比之下，个人退休账户的选择更多。"不过，对许多人来说，这不是缺点，尤其是那些不想也不愿意天天追踪自己的投资的人。你马上就知道自己是不是这种人了！

传统个人退休账户（IRA）

传统个人退休账户，正如其名，就是你自己建立的账户，你往里存钱，等到退休时使用。传统个人退休账户的最大好处是，你有更多的投资选择。正如凯文所说，这种账户"更像是优食①，我可以随时随地点餐，想吃什么都可以"。

传统个人退休账户的优点还包括：

- 离职时，你可以轻松将 401（k）账户中的资金转入传统个

---

① 优食（UberEats），打车公司优步（Uber）于 2016 年推出的外卖服务。优步每天与数家餐厅合作，向用户提供食品，送餐任务由优步驾驶员完成，用户可以通过智能手机追踪所订食品的配送进度。——译者注

人退休账户。转账没有限额，但是同一个传统个人退休账户每 12 个月只能转账一次。

- 与 401（k）账户相同的是，传统个人退休账户也属于递延税款账户，你只用在实际提取退休金时纳税。
- 在存款的当年，存入金额免税，也就是说，如果你的收入为 5 万美元，你存 5 000 美元，那你当年只需为剩下的 4.5 万美元缴税。

因此，传统个人退休账户很适合做退休投资，不过它也有一个缺点：存款限额远低于 401（k）账户或简化版员工养老金账户（SEP IRA）（稍后介绍）。2020 年，对于 50 岁以下的人来说，传统个人退休账户的每年存款限额为 6 000 美元，对于 50 岁及以上的人来说，存款限额为 7 000 美元。另外，它跟 401（k）账户一样，如果你在 59.5 岁之前从这些账户中取钱，那就要支付 10% 的罚金。

罗斯个人退休账户（Roth IRA）

罗斯个人退休账户也是一种个人退休账户，但是缴税情况有所不同。你存入罗斯个人退休账户的不是税前资金，而是税后资金，投资金额的收入税无法免除。也就是说，退休后取用罗斯个人退休账户里的钱不用缴税。不过，没人知道退休时候的税率会有多高，所以很多人更愿意按照当前的税率缴税。而且你想想，你可以挥挥手对罗斯个人退休账户的管理者说："嘿，谢谢你照管我的钱，我去玩了。"——这个画面是不是很美好？

罗斯个人退休账户的另外一个好处是，你可以提前（即在规定的 59.5 岁之前）取一部分钱，而无须缴纳税款或罚金。但是请注意！如果你提前取用资金，你账户中资金的收益（利息和投资收益，基本上就是存款的所有收益）就会被征收 10% 的税。如果你拥有该账户已有 5 年或更久，且年龄在 59.5 岁或以上，那么取款就不用缴税。

罗斯个人退休账户还有其他优点，例如，开设账户没有最低年龄限制，有工作收入即可；还可以为未成年人开设未成年人罗斯个人退休账户。有些企业主会雇自己的孩子，然后为他们开设罗斯个人退休账户并往账户里存钱，这样他们的孩子就能早早开始为退休投资。对于 401（k）账户、传统个人退休账户或简化版员工养老金账户（稍后详细介绍），你到 72 岁之后取钱才不会有罚金，但是对于罗斯个人退休账户，如果你不需要里面的钱，你可以把钱留在账户里，你的继承人可以继承。

然而，再好的东西也有缺点，罗斯个人退休账户也是如此——如果你的收入超过一定限额，你就不能使用它了。目前，对个人来说，收入限额是 13.9 万美元，对于已婚且共同纳税的夫妻来说，限额为 20.6 万美元。

在我看来，不能开设罗斯个人退休账户也不一定是坏事，那意味着你的收入达到 6 位数了！这是好事，恭喜你！

简化版员工养老金账户（SEP IRA）

如果你是个体经营者，无法拥有公司提供的 401（k）账户，那你可以把钱存到简化版员工养老金账户中。

如果你是个体企业创业经营者，你是企业唯一的员工，那么你的简化版员工养老金账户与 401（k）账户是有些相似之处的。比如说，两种账户的最高限额相同。目前，对于不到 50 岁的人来说，最高额度为 5.7 万美元或者公司净利润的 25% 以下（扣除工资等支出后的公司收入）。但是两种账户的资金结构有所不同。2020 年，对于 401（k）账户，员工可以存入 1.95 万美元，公司可以为员工存入剩下的 3.75 万美元。对于简化版员工养老金账户，只能是公司为员工存钱，所以这 5.7 万美元全部来自公司。

例如，你单独创办了一家名为"好好家教"的辅导公司，公司只有你一人，而你想要为退休存点钱，于是你决定通过富达投资、先锋领航或德美利证券等经纪公司开设一个简化版员工养老金账户。

如果你不到 50 岁，那你最多能将"好好家教"公司收入的 5.7 万美元或净利润的 25%（以较低者为准）存入简化版员工养老金账户。你本人不能存入任何资金，存入的钱必须都是利润分成，即公司收益扣除所有费用后剩余的钱。

如果你的公司有不止一名员工，你可以考虑为自己和员工开设 401（k）账户。但这不是你自己可以做成的事情，你还需要第三方管理员、档案管理人和会计。因为 401（k）账户如果涉及多人，那就需要开展非歧视性测试，以确保 401（k）计划惠及所有员工及其年度纳税申报。先锋领航和富达投资等经纪公司会提供此项服务，你也可以找系统服务供应商来制订计划。

你可能还会问：如果我有简化版员工养老金账户，我还能往传统个人退休账户和罗斯个人退休账户中存钱吗？简单回答：可以。它跟 401（k）计划相同，只要你遵守规则，你就能同时拥有这 3 种账户。你的公司可以往你的简化版员工养老金账户存入最高额度资金，你可以往个人退休账户和罗斯个人退休账户存入最高额度资金，只要你存入所有账户的资金总额不超过单个账户的最高限额即可。目前，传统个人退休账户和罗斯个人退休账户针对 50 岁以下和 50 岁以上人群的最高限额分别为 6 000 美元和 7 000 美元。例如，"好好家教"公司往你的简化版员工养老金账户存入 5.7 万美元（最高额度），你个人存入罗斯个人退休账户4 000美元，存入传统个人退休账户2 000美元，总计6 000美元，正是当前的最高限额。

记住，罗斯个人退休账户是有收入限制的。一旦你（不是你的公司）的年收入超过13.9万美元，你就不再有存款资格了。因此，我建议大家优先存够罗斯个人退休账户的最高额度，因为你的年收入很快就要超过13.9万美元了！朋友，我相信你。所以，如果你的收入还没有超过限制，那就一定要好好利用罗斯个人退休账户。

嗯，信息量确实很大。既然已经学习了这些术语，那我们就详细展开讲讲吧。

401（k）账户、传统个人退休账户、简化版员工养老金账户和罗斯个人退休账户都是退休账户，但区别在于，你投入罗斯个人退休账户的是税后资金，你在退休后取本金和利息均免税。而你投入简化版员工养老金账户、401（k）账户和传统个人退休账户里的是税前资金，你现在可以少缴一些税，但你退休后取款时要同时为本金和利息缴税。要注意的是，如果你提前取出简化版员工养老金账户、401（k）账户和传统个人退休账户里的钱，你还要被处以10%的罚金，并且要按照当前的税率缴税。提前取出罗斯个人退休账户里的所有资金都没有费用，但是收益部分要被处以10%的罚金。最理想的退休投资方案是同时存有税前资金和税后资金。要实现退休后收入来源多样化，就要既有一部分税后收入，又有一部分需纳税收入，以便你管理自己退休后的税务。

为帮助大家理解这些内容，让我们来看看4种常见的退休情景。

情景1：你有401（k）账户，你的公司也为你提供匹配资金。你最好先往401（k）账户中存入相应比例的资金，然后往罗斯个人退休账户中存入最高额度的资金。如果你手头还有资金，那就往

401（k）账户中存入最高比例的资金。

情景 2: 你有 401（k）账户，但是你的公司不提供匹配资金。那就先存够罗斯个人退休账户的最高额度，然后存够简化版员工养老金账户的最高额度。

情景 3: 你可以开设简化版员工养老金账户。最好还是先存够罗斯个人退休账户的最高额度，然后存够简化版员工养老金账户的最高额度。

情景 4: 你无法开设 401（k）账户或简化版员工养老金账户。你可能在一家小公司或初创企业工作，这些公司不提供 401（k）账户和 / 或你是个体经营者。遗憾的是，在这种情况下，你没有太多选择。我建议先存够罗斯个人退休账户的最高额度，然后开设一个需纳税的投资账户，开始为退休存钱。你无法享受税收递延，需要每年为该账户里的资金纳税。

你可能已经注意到，这些情景中都有罗斯个人退休账户，但没有传统个人退休账户。因为传统个人退休账户并不是理想的退休投资工具。罗斯个人退休账户能提供更优的税收优惠（投资增长，并且在退休期间取款免税）。不过罗斯个人退休账户有存款限制（收入不超过 13.9 万美元），所以你要在满足条件的时候加以利用。如果你找到了新工作，想从前雇主那里带走自己 401（k）账户里的钱，并且避免提前取款的罚金或税款，那传统个人退休账户就派上用场了。

更新你的受益人

不管开设哪种投资账户，你都要指定一名受益人，即在你离世后得到你钱的人。

我知道大家都不愿意去想这种最坏的结果，也很容易就把这件事置之脑后，但这是你必须要做的一件事。如果你发生什么不测，而你选择了错误的人为账户受益人，那你到时就无能为力了，毕竟你已不在人世了。指定什么人做受益人可能比你遗嘱里有什么内容更为重要！

如果你再婚了，但你的前任仍然是受益人，那你去世后，你的钱就归你前任了。如果你有 3 个孩子，但是你还没有把最小的孩子添加为受益人，那这个孩子到时分不到一分钱，除非他的兄弟姐妹做事公正，愿意把钱分给他。但千万不要让自己的家人负责分配这些资金，因为很多家庭矛盾就是这么来的！

每当你的生活发生重大变化，如结婚、生子、离婚，你都要更新退休账户上的受益人信息。不要拖延，马上行动。

你的任务：与人力资源部门谈谈你的 401（k）退休计划；如果你是个体经营者，选择一家经纪公司（访问工具包查看我的首选名单），咨询简化版员工养老金账户相关事宜。确定自己是否需要开设个人退休账户和 / 或罗斯个人退休账户。

再次阅读各种投资产品的定义，确定自己可以选择的投资类型，如股票、债券、共同基金、交易所交易基金和指数基金。

记住，你现在需要做的仅仅是确定先往哪类账户中存退休金，所以别告诉我你连这个时间都没有。对大多数人来说，20 分钟即可。

预算天后建议：你可能因为有债务在身，所以暂时没有往退休账户中存款。但凯文说了，你在还债之前要先弄清楚轻重缓急，因为每个目标的优先级并不相同。以助学贷款为例，如果你有高息的私人机构贷款，那你最好先还清此类贷款；但是如果你只有低息的政府贷款，那你可以在偿还这些贷款的同时尽可能多为退休存钱，毕竟贷款是可以免除的，但是你迟早都要退休。

还债还是投资

看到这个问题，很多人会想，那肯定是要先还债。但也未必。究竟是先还债还是先投资，你要考虑 3 个因素。

第一，你有什么债务？如果你的债务是高息债务，如利率为两位数的信用卡债务，那你在正式开始投资之前最好先还清债务。信用卡债务的成本（利率）可能要高于你投资的收益，也就是说，如果你有高利率债务，你要支付的利息可能会超过你的潜在投资收益。当然，我也不是说不为退休存钱，毕竟旺达要吃饭，只不过你应该先把重点放在摆脱高息债务上。

第二，你目前的学习能力如何？我常常说，聪明的投资者就是富有的投资者。如果一个人愿意花时间学习投资，那这个人更有可能实现财富增长。

投资并不难，不过要掌握任何新技能，你都需要学习和练习，投资也是如此。你做好努力学习的准备了吗？既然你在读这本书，那我猜你已经做好准备了。但我不能为你做决定，如果你觉得自己还没有做好投资的准备，那还是先集中精力还清债务。

老老实实地早点还清债务其实也是一种投资。没有债务了，你就不用再支付利息，这就像是马上给自己加薪一样。

第三，你的财务目标是什么？你想要以稳妥为主，还是想要在下次高中同学聚会时一鸣惊人呢？朋友，我可不是要说三道四，但是如果你想过得更潇洒，那你可能要承担更高的风险，以获得更高的（潜在）投资回报。如果你更希望没有任何后顾之忧，那你可能需要连低息债务都还清，之后再积极地进行投资。

在财务进阶之路上，你要始终记住这 3 个问题。不过，你并不需要三选一，只需要确定哪个是当前更重要的财务问题而已。

行动 3

选择投资组合／资产配置

你已经选择了你的退休投资工具——401（k）账户、个人退休账户、罗斯个人退休账户和／或简化版员工养老金账户，那现在要开始考虑投资组合了。用专业术语来说，就是"资产配置"，是指你如何分配自己的投资资金，投资组合就是你在投资过程中选择投资的产品。

为方便起见，我们将重点讨论两类退休投资：共同基金形式的股票和债券（即一篮子股票、债券和其他证券）。投资组合指的就是你持有的股票和债券比例。你要清楚自己的投资组合，因为这是管理退休金风险的最简单方法。

一般来说，最好同时投资股票和债券。一个是投资增加的动力，另一个则能保证资金缓慢但稳定的增长。我很喜欢凯文的自行车比喻，很好地说明了股票和债券的区别。

> 假设道路的终点是财务完整性，而自行车是你的交通工具，那么股票就像是踏板，如果没有踏板（股票），你就寸步难行，对吧？债券则像是刹车，有踏板但没有刹车，你就可能会撞车，对于那些投资组合不均衡的人来说，2008年的金融危机对他们来说就是撞车。同样，有刹车但没有踏板，你只能停在原地。你要确定自己的速度，然后选择合适的踏板和刹车组合（投资组合）。

由于年龄、收入以及个人的风险和回报预期不同，每个人的投资组合偏好也各不相同。但是，一般来说，最好随着年龄增长调整组合中股票和债券的比例。根据行业的基本法则，即"110 法则"，用 110 减去自己的年龄，大的数字即为股票比例，而小的数字则是债券比例。

如果你今年 30 岁，那么 110–30=80，也就是说，你应当投资80% 的股票和 20% 的债券。明年你 31 岁，二者的比例应为股票79% 和债券 21%。

随着年龄增长，你越来越接近退休，你要相应地降低股票比例，这是降低风险的一种重要方法。我每年过生日的时候都能听到旺达对我大喊，让我重新调整自己的投资组合。她这个人可固执了。

退休投资无从下手？试试目标日期基金

你读的时候是不是在想，蒂芙妮，我还是不知道该怎么做退休投资！没事儿，如果你觉得自己没有完全弄懂这些概念，那还有一些更为简单的投资方法。

其中一种方法是投资目标日期基金（TDF），这种基金是自动的投资组合，你不用计算"110 法则"，也不用去调整投资比例。

目标日期基金往往是共同基金，其中包括股票、债券和其他投资产品。这种基金提供的是一种简单的投资方案，随着目标日期临近，投资组合的表现会愈发保守（风险更低）。

简单来说，就目标日期基金而言，目标日期（即你想退休的年份）越近，你投资的钱就越安全。例如，我父亲 70 多岁了，所以他没有大量投资股票，因为股票风险更高。但我才 40 多岁，离退休还有一段时日，所以我的目标日期基金的投资组合风险可以更高一点。

很多 401（k）计划和多数大型经纪公司，如先锋领航、嘉信理财和富达投资等都提供目标日期基金。这些基金的名称中可能包含一个年份，如"2050 基金"，代表该基金的目标日期是 2050 年。该基金会基于这个预期退休日期自动创建投资组合，并且会随着你年龄增长将你的钱重新分配到更保守的投资项目上。不错吧！

如果你找不到你退休年份的基金（可能确实没有），那就找最接近你预期退休年份的基金。另外，我建议你设置每个发薪日期自动存款，这样你就不用管它了。

目标日期基金跟许多共同基金一样，都是主动管理型基金，所以会有管理费，这是你需要考虑的一个重要问题。管理费等于基金运作费（运作基金的成本）除以所管理资产的平均美元价值（资产管理规模、基金中的资金规模）。所以管理费有可能会很高，尤其是主动管理型基金，因为这种基金是由人管理的，而非自动化管理。运作费会减少基金的资产，从而降低投资者（你）的回报（基金中资金的收益和支出）。所以你一定要注意这个费用。

例如，如果你的基金中有 10 万美元，基金管理费为 1%（均值为 0.5%），那你每年要支付 1 000 美元的管理费。

不过，你并不会收到付款账单。这个费用是包含在基金管理过程中的，最后显示为服务费。

我一般不喜欢有服务费的基金，而目标日期基金作为主动管理型基金，费用往往高于其他基金。但是，如果你想设置好退休计划就不再操心，那选择目标日期基金，付钱让别人管理还是有好处的，包括：

- 可以卸下自己肩上的重担，不用担心自己会在创建投资组合时犯错。
- 避免因为在社交媒体上看到或听到别人提到什么就冲动地买进卖出。

目标日期基金就像巡航控制，能让你保持恒定的速度（如 100 公里 / 小时），让驾驶过程更轻松，但是如果你愿意，你可以取消巡航控制，自己掌握方向盘。

如果你想自主投资，你可以这么做：

1. 重温 "110 法则"。记住，用 110 减去你的年龄可以帮你计算出你应持有的股票和债券比例。另外，在某些情况下，股票也叫股权，债券也叫固定收益。记住，每年都要按照年龄调整二者的比例，随着年龄增长，要减少股票，增加债券，目标日期基金其实也是这个原理。你可以在生日次日调整投资结构，这样更容易记。

2. 填写风险承受能力问卷调查。我在工具包中列出了一些提供免费风险承受能力问卷的网站。你可以把它看作在线约会简介或测验，回答一些问题，系统就会算出你应持有多少股票和债券。获得这些信息后，就可相应地进行退休投资。另外，最好每年都重新做一次（至少）这个小测试，以确保你的投资组合没问题。随着年龄增长，你的债券会增加，股票会减少，目标日期基金也是如此。

好的，我知道大家已经准备好为退休投资了，但先别急着往账户中存钱！在此之前，你还要了解一些退休投资规则，不过我们很快就会开始行动了！

你的任务：

第一，使用"110 法则"计算你的投资组合。

第二，熟知股票、债券、投资组合和目标日期基金等术语。

第三，询问人力资源部，了解公司是否在退休计划中提供目标日期基金。

第四，如果你可以接受更高的费用，那就联系 401（k）账单上列出的基金经理，选择到期日最接近你预期退休日期的目标日期基金。

第五，如果你的公司不提供目标日期基金，但是你想要选它，那就找经纪公司并对比管理费差异。

第六，如果你不想选择目标日期基金，那就创建自己的投资计划并自行选择产品。

预算天后建议：凯文提醒我们，"拥有适合自己年龄和收入的投资组合很重要，即便你投资的是目标日期基金（自动计算和调整），那也要每年查看资金配置。但也不要矫枉过正，每年查看或调整的次数不要超过 4 次，每年 1 次就足够了"。

行动 4

设置自动化，尽可能限制取款和借款

自动化！自动化！自动化！我们已经提了很多次自动化，你应该时时牢记这一点。自动化不会像人一样感到疲倦、饥饿、无聊或沮丧，也不会态度不好，或者像人类一样犯错！所以，确定退休存款目标后，计算出年收入存款比例，然后算出每月的金额，并设置自动转账到退休账户中。只要你提出自动转账请求，多数设有工资部门的公司都可以帮你设置。这样，不管是税前或税后资金，你的钱都会按时转进退休账户中，而且完全不用手工处理。

把钱存入退休账户后，你首先要做的是确保自己碰不到这笔钱。因为这已经不是你的钱了，它属于未来的你，对我来说就是旺达，你想好老年的自己叫什么名字了吗？

当然，如果你出于一些原因要取用退休金，这也是可以理解的。也许，你需要支付孩子的大学学费、新房子的首付或者一大笔意外的医疗费用；也许，你离婚了，律师费高得惊人；也许，由于种种原因你身陷债务，需要摆脱债务。

我懂你，真的！这些东西很花钱，但是，在你取用退休金之前，一定要先试试其他搞钱办法（但要合法）！真的，尽量不要把钱取出来，而且也千万不要把钱花在短期计划上，比如，去迈阿密度假狂欢一番。

你需要提前为这种突然的大额资金需求做准备，避免动用自己的退休金。怎么做呢，可使用如下方法。

在合理范围内，尽量降低生活费用。怎样才算低？先看一下你的住房费用，你收入的一半是否都用于租金或抵押贷款加物业费了？如果是的话，你的生活费用就太不均衡了。在理想情况下，住房费用应占支出预算的30%。所以，你可能要精简支出，或者从昂贵的市区搬到周边郊区？这一下子就能为你省出更多的钱来做其他事情，比如多往退休账户中存10%~20%的资金！

存钱，存钱，什么时候都要存钱。在财务方面，你可以一心多用——如果你在还债，你也可以同时存钱；如果你在努力提高信用分数，你同样可以存钱。

如果你不重视存钱，那么一旦发生意外，你基本上毫无选择，只能动用自己的退休金——这钱可是在给未来的你赚钱啊。

如果你坚持存钱，那么你就能建立起更大的缓冲，不到万不得已不必使用退休金。

有时候，你遭受了生活的重击，觉得自己必须要动用一部分退休金。那该如何避免这种情况，或者在动用后如何补足资金？

你可以考虑从退休账户借款而不是取用退休金，因为取用退休金后，总额中就少了一部分，而且你还要支付高额的税款和罚金。借款更合适，只要你按时偿还，就不用支付提前取款的罚金或税款。话虽如此，你一定要仔细查看借款的条款。

另外，如果你失业或辞职，你必须立即偿还借款。所以一定要三思而后行。

更积极地补充资金。如果你真的遇到紧急情况，需要取用退休金，那之后要更为积极地补足取用的资金。

假设在取用之前，你每月将收入的10%存起来，那补充资金的时候，如果可以，就存入12%或13%！尽你所能恢复账户里的资金总额，为未来的自己做好准备。

中场休息：站起来，走到大堂（你的客厅），去喝杯鸡尾酒或吃点糖果。等下是投资这场表演的第二幕，非常值得期待！主角是一位名叫"财富"的新人。

为财富投资

我认识的所有人都想学习如何投资赚钱，创造财富。在通货膨胀（物价上涨，货币购买力下降）之下，学习投资已非奢侈，而是必要。

受通货膨胀影响，美国的物价每隔20年左右就会翻一番。太讨厌了！你的奶奶应该也说过这样的话："我像你这么大的时候，花多少钱（超级少）就能买到某个东西。"奶奶说得没错。50年前，许多东西的价格仅为当前价格的1/4。哇！想象一下，等你到旺达的年纪，物价该有多高呢？

在通货膨胀情况下，如果你只是存钱，那你的钱基本上是在不断缩水的。你必须学会投资，这不仅是为了增加财富，还是为了应对通货膨胀的影响。

幸好，投资并不是高深的火箭学或外科学，想要投资，你不必去读研究生，也不用成为一名专家。但首先，你需要对投资有基本的了解，并且要制定明智和可靠的策略——我都会帮你的。

预算天后智囊团

考特尼·理查森（Courtney Richardson）是一名在宾夕法尼亚州费城执业的助理律师，并且是常春藤投资公司（The Ivy Investor LLC）的创始人和首席执行官。她曾是一名股票经纪人，有作为财务和投资顾问的工作经验，还与非营利组织"棕色女孩会投资"合作，为女性提供金融知识教育。她非常棒！她能为我们提供很多关于财富积累的知识。在本章接下来部分中，我们将学习她提供的建议。

计划

提高当前生活质量，同时为财富投资，以便将来留笔遗产

行动

准备好了吗，财富投资速成课要开课了！我建议你拿出刚开始做预算时的笔记本、日记或电脑文件，以便做些笔记。现在，调整到舒服的状态，做一下心理建设，要开始认真学习了。注意！以下是为财富投资的 7 项行动。

第一，开始投资之前，先满足基本要求。

第二，设定投资目标。

第三，确定自己属于哪种投资者。

第四，确定最适合自己的管理类型。

第五，确定最适合自己的投资工具。

第六，开始投资。

第七，设置自动化后便不用再管。

行动 1

开始投资之前，先满足基本要求

要想为财富投资，你需要先满足一些基本要求。

首先，你一直按时支付当前的账单。这一点不言自明，但是很多人（不是你）在有逾期账单和躲避债务催收人的情况下仍然考虑投资。每种投资都有风险，投资能否赚钱，甚至能否收回本金都无

法保证。不要为了不确定的结果而贸然行动，以至于连当前的账单都付不了。

你一直在坚持为退休存钱。为现在和未来积累财富固然重要，但你不能因此不顾旺达的需求，对吧？在开始为财富投资之前，至少应先为退休投资；如果怕麻烦，至少应充分利用雇主匹配的资金。

你已经存够 6 个月的面条预算。回到第三章或你的资金明细表，查看你确定的基本支出金额，你的面条预算，即只吃方便面情况下的月度预算（开玩笑哈）！将这个数字乘以 6，你现在存的钱达到这个数额了吗？如果达到了，那你可以继续为财富投资。如果没有，那你还没有完全准备好，你还没有存够钱，如果失去收入，你要如何生活？

你已经还清了高息债务。在过去的 100 年里，股市的平均年回报率为 10%。但在过去 30 多年里，这个回报率降到了 7% ~ 8%，按照这种趋势，股市回报率跑不赢你的信用卡债务或其他债务利率（两位数）。也就是说，你投资股市带来的回报不大可能会超过信用卡债务产生的利息，因此，一定要先还清高利率债务，再去投资赚钱。

投资本金是你在未来 5 年内不需要使用的资金。要想看到股市投资的回报，至少要等 5 年的时间。也不是说 5 年内看不到结果（利润），只是市场总会有价值波动，要想取得高于均值的回报，总是要花更长时间。所以你在投资的时候，要确定自己至少在未来 5 年内不需要使用这笔钱。

你的任务：开始为财富投资之前，确保你满足所有 5 项要求。

预算天后建议：一些财务顾问建议在为财富投资之前，先存够最高额度的退休金。但考特尼指出，万一你在 59.5 岁之前需要使用退休金，那你就要支付罚金。"也就是说，如果你觉得自己因为一些原因在退休前可能需要用这些钱，那取用退休账户中资金的成本会非常高。财富积累账户就不会有这样的罚金。但是，如果公司提供匹配退休金，那千万不要错过！"

最重要的是，你要二者兼顾，既要为退休投资，也要同时为财富投资。

行动 2

设定投资目标

你有过这样的经历吗：本来是去买一件东西，但是出来的时候抱着一大堆自己不想要也根本不需要的东西？

我每次去塔吉特都这样，你肯定知道我说的是什么意思。

如果你漫无目的地走进财富投资商店，那你最终可能也会买一堆自己不想要或不需要的东西，而且这趟花的钱肯定比去一次塔吉特更多。

那么，开始投资之前，我们先思考两个问题，以便确定两个最为简单的目标。

第一，你每月想往财富积累账户中存多少钱？

第二，你为什么想要积累财富？

要回答第一个问题，从而确定第一个目标，请看一下你在第二章制作的预算，算算每月能往财富积累账户中存多少钱。你买完东西、存完钱、还完债并且自动转账到退休账户后，还剩下多少钱？现在该削减一部分支出了，这样才有钱用于为财富投资。

要确定第二个目标，你就要回答第二个问题，你一定要想清楚积累财富的目的。虽然具体细节因人而异，但是一般来说，有些出发点是非常不错的。例如，你可以说：

- 我是为了提高我的生活质量。
- 我是为了留下一笔遗产。
- 我是为了提高我的生活质量，并留下一笔遗产。

为财富投资需要一定的定力，而确定投资目标有助于你坚持下去。

你的任务：拿出你的资金明细表，确定每个月能将多少钱用于财富投资。穿上你最爱的鞋子、袜子，戴上你最喜欢的帽子或者其他给你灵感的东西，让我们来做个小练习。

想象一下，多出来的钱能给你的生活带来什么改变。当然，这笔钱肯定比不上百万美元大乐透，毕竟中大奖的概率微乎其微，但它足以给你带来选择的自由——例如，在度假时选择住在好酒店，买一个度假屋，或者持续捐钱给喜欢的慈善机构。

要得到明确的答案，你可以问自己：

第一，对我来说，怎样才算提高生活质量？

第二，我想要留下什么样的遗产？

预算天后建议：往财富积累账户中投入多少钱呢？你可以
参考考特尼的收入分配法，"70% 用于生活支出，10% 用于储蓄，
10% 用于退休，10% 用于财富积累投资"。在本章的退休投资
部分，我鼓励大家将收入的 20% 用于退休投资。按照考特尼的
公式，你达到储蓄目标（应急、房屋、汽车的首付等）后，就
可以将用于储蓄的 10% 转到财富积累账户。

她还建议大家改变心态，不要觉得自己在世时需要资助
孩子。

考特尼说："如果你现在把钱用于投资，而不是给孩子，
那他们以后会得到更多。也就是说，如果你购买股票，股票增
值，并且在世时将这些股票转给孩子，那你的孩子就要为这些
收益纳税。但是，如果你在遗嘱中把股票留给孩子，那孩子将
在你去世之日得到股票，而你在世时积累的收益就不会被征
税了。"

你肯定想尽量多给孩子留些财富，所以要考虑好怎么留
遗产。

行动 3

确定自己属于哪种投资者

知道自己属于哪种投资者，你才能确定自己需要使用的管理工
具和需要选择的投资工具。

投资者一般分为以下 3 种。

1. 主动型。重视财富增长，想要尽快积累资金，因此愿意承担

一定风险。

2. 被动型。追求缓慢和稳定的增长，重视安全，不愿承受损失，可以接受较低收益。

3. 中间型。追求稳定增长，不愿承担过高风险，但是愿意为了更高的长期收益做出一些大胆的举动。

根据上面这些描述，你基本可以确定自己属于哪一种了，但我希望大家再多考虑一些其他因素，包括你的研究意愿、你愿意花多少时间思考金钱和投资问题以及你的整体性格，这 3 点都有助你确定自己的投资类型。

阅读表 7-1 的描述，并圈出每个选项（主动型、被动型、中间型）后适合自己的分数（1 ~ 5 分），其中 1 分表示最不符合自己，5 分表示最符合自己。

表 7-1　确定自己属于那种投资者

研究：你喜欢阅读评论和 / 或研究、对比不同版本的产品吗	
主动型：是的，我喜欢研究我当前和潜在的投资产品	1 2 3 4 5
被动型：嗯，我更喜欢选择经过实践检验的靠谱产品	1 2 3 4 5
中间型：做点研究还是大有帮助的	1 2 3 4 5
时间：你花多长时间管理你的财富积累账户	
主动型：我每周花几个小时研究和管理账户	1 2 3 4 5
被动型：时间？花什么时间？设置好账户就不用管了	1 2 3 4 5
中间型：我会花时间研究和管理，但我也会设置一部分自动投资，这样即使没有时间也能持续投资	1 2 3 4 5
性格：你有耐心等待投资缓慢和稳定增长吗？你更追求安全还是刺激	

主动型：进攻！我支持主动出击！我是一个有规划的人，不容易被市场动向所左右。我制订计划后会保持信心，执行计划	1 2 3 4 5
被动型：额，我有点情绪化。我很容易感到害怕和激动。市场上涨了？我的反应是：耶！我发了！市场下跌？我会想：不要啊，我的钱收不回来了。赶紧卖卖卖	1 2 3 4 5
中间型：我尽量不一直盯着市场的波动，但是我肯定会关注长期的大幅波动，并且可能会采取行动	1 2 3 4 5
把你的总分加起来：	
主动型总分：　　　　　　被动型总分：　　　　　　中间型总分：	

　　全部加起来后，看一下自己的总分。哪个分数最高，你就属于哪种类型。当然，这个不算专门的类型测试，只是为了帮你找到合适的起点，随着你投资越来越熟练，你的类型也可能会发生变化。

你的任务：确定自己属于主动型、被动型还是中间型投资者。使用上文的小测试来确定自己的投资风格。

预算天后建议：考特尼说，恋爱时，如果你发现自己和对象的投资类型截然相反，那就选择中间型。此外，一定要大胆发挥自己的优势。主动型投资者可以做研究和交易，被动型投资者则可以关注整体财务状况的安全性。你的应急资金存够了吗？高息债务还清了吗？按时支付账单了吗？未来 5 年需要使用投资本金吗？

行动 4

确定最适合自己的管理类型

财富投资有不同的管理类型供你选择。每种管理类型都各有优劣，最终要看你的个人偏好和投资者类型。

我觉得，不同的管理类型就像不同的购物方式一样。

如果你喜欢独自去商店购物，但是销售人员总是想帮你挑选，你觉得很烦，那你应该是那种喜欢自主投资、电子交易的人。

如果你想找人帮你做准备，但是又不想这个人离得太近（最好离得远远的，如只存在于网络空间中），那智能投顾可能更适合你。

如果你是那种要销售人员准备好试穿衣服的人，那你可以找财务顾问帮你管理投资。

当然，这种类比可能并不完全准确，而且人是会变的。但是，知道自己想要接受什么程度的帮助或者保持多大程度的独立，能够帮你选择适合自己的投资管理类型。另外，投资管理跟买衣服一样，你越是需要跟别人打交道，你的成本（费用）就越高。

不过，当前管理费普遍为 0.03%（被动管理型）~ 2%，也有可能更高（主动管理型）。你在选择财富投资方式之前，一定要弄清楚费用结构，这非常重要，因为不同的方式可能会导致你未来拥有或损失数千美元。千万不要以为管理费是固定不变的，如果你选择找人管理投资，你是可以与他们协商费用的，毕竟他们想要做你这笔买卖。

为了帮助你更好地学习财富投资，我们将着重介绍以下 3 类投资平台。

自主投资

如果你想自主购买共同基金、买卖个股和交易所交易基金（本章第一部分已经提到，后面会进一步介绍），你有两种选择。第一，通过互联网券商，即电子交易平台进行股票交易；第二，选择折扣经纪公司。

如果你与折扣经纪公司合作，你可以自己挑选投资产品。这些公司不会根据你的风险承受能力帮你挑选投资产品，也不会自动帮你重新平衡投资组合。这一切都由你自己决定。

如果你已经做了研究，并且乐于花时间和精力管理自己的资金，也做好了自己管理交易（买卖股票和交易所交易基金）的准备，那这种自主投资方法应该适合你。我在工具包中分享了我的首选自主投资平台。

交易所交易基金

我在本章的退休投资部分已经说过，你只能在每天股市收盘后买卖共同基金（一篮子股票、债券和其他投资产品）。交易所交易基金也是这种一篮子产品，但跟共同基金不同的是，它是可以在交易时间交易的。

自主投资听起来很有趣也很刺激，但是你要记住，这可不是大富翁（游戏）里的钱，这是真金白银。如果你不做功课，你的投资可能只是短暂的头脑发热，最后你的钱也所剩无几。

自主投资的好处是成本很低甚至没有成本。开户往往是免费的，这种经纪账户一般只要求你有足够的钱购买至少一股你所选的股票并支付交易佣金（如有，不过很多没有）。

这种方式成本低，自主性强，也没有什么花哨不实用的东西，多数交易都由你手动完成。多数自主投资账户的功能都很相似，但是你所获得的服务会有所不同。例如，一家公司可能提供更详尽的研究或更好的培训和教育工具，另一家公司则可能提供更易于使用的平台。你自己要做研究，也可以参考我在工具包中列出的知名大公司名单，里面简要介绍了它们目前提供的服务。

要记住：

- 不要操之过急。我知道你急于交易，但是总要慢慢来，挑选符合自己目标的自主投资经纪公司。如果你选了一家公司后又决定把资金转移到另一家公司，那就会产生转账费了。
- 你的钱在某种程度上是受保的。经纪公司会在美国证券投资者保护公司（SIPC）投保，万一该公司倒闭（不太可能），你的钱是有保险的。但是，如果你的投资因市场波动等因素失去价值，那就不在保险范围内。
- 这种账户和退休账户有什么区别？经纪公司账户往往是应税账户或税收优惠账户，类似于前面提到的个人退休账户和罗斯个人退休账户。如果是做财富投资，你应该选择没有税收优惠的账户。
- 我什么时候才能开始投资？开始用新账户交易之前，你要先把钱存入账户。从银行账户转账到经纪账户可能需要几天或更长时间。如果你所选经纪公司的银行提供储蓄账户，你可以把钱存到这家银行，以缩短转账时间。

零星股：我能买一只股票的一部分吗

零星股是公司或交易所交易基金的一股股份的一部分。过去，你要想成为一家公司的股东，至少要购买一股股票。但问题是，许多顶级公司的股价都非常高，有些公司的股价甚至高达数千美元！新投资者连一股都买不起！

零星股便应运而生。现在，在经纪公司的帮助下，新投资者或者对成本较为敏感的投资者可以购买他们最喜欢公司的一股股票的 1%。

智能投顾

智能投顾是帮你管理资金的投资公司。它们可以帮你选择投资产品，并且可以帮忙定期调整你的投资组合。

很多人喜欢选择智能投顾，因为它的费用低于财务顾问，并且也能提供必要的帮助。智能投顾会基于你在问卷调查中提供的信息（风险承受能力、目标等）为你选择投资产品，从而降低你的风险。在工具包中，我列出了几家知名且声誉良好的公司以及提供智能投顾服务的公司。

如果你选择智能投顾，那么所有的财务管理工作都是由计算机完成的，具体来说，是由交易和资产管理算法软件完成的。智能投顾于 2008 年问世，在财务领域还算得上是新鲜事物，但是未来肯定会继续发展。

智能投顾的好处在于，你设置好之后便不用再管。你设置自动汇票（转账）后，它们便会帮你投资，你需要做的不多，也不用花太多时间。

但问题是，你无法控制自己投资什么产品。不过，这种情况也在发生变化，有些智能投顾公司在做创新，让人们可以投资一些专门的股票组合，如有社会意义的股票。

谨记：智能投顾往往是按照资产的特定比例收取费用的。目前，多数智能投顾的费用不到1%，低于财务顾问的收费，但是高于折扣经纪公司的收费。

个人财务顾问

如果你想拥有个性化的财务计划，而不仅仅是做投资（如保险、债务管理、大学规划等）和持续主动管理资产，那你可以考虑找一位个人财务顾问。但问题是，你获得一对一关注的同时，成本也增加了。

谨记：

- 管理费：挑选适合自己的方案时，一定要对比管理费。享受什么程度的服务以及愿意为此付多少钱，这都取决于你。有些资产管理费可能高达2%，真的是漫天要价。市场上的平均费用为1%，而且你还可以协商更低的价格。

  要知道，财务顾问的收入不尽相同。例如，对于仅收取顾问费的财务顾问，他们的收入直接来自客户（你）支付的服务费。而对于基于顾问费的财务顾问来说，他们不仅能获得客户直接支付的费用，还有其他的收入来源，如佣金（按照所售产品成本的比例收取费用）。你可以选择不同的支付方式，这是好事。

- 财务顾问类型：财务顾问是指帮助客户管理资金的人。例如，注册财务规划师是帮你确定方案、实现长期财务目标的财务顾问。如果财务顾问是注册财务规划师，那他们至少拥有3年全职财务规划经验，满足注册财务规划师委员会的严格培训和经验要求。我在第十章将进一步介绍关于选择财务顾问的内容。

- 账户最低限额：不管是线上服务还是线下服务，多数提供投资管理服务的个人财务顾问都有最低投资额要求。这是合理的，尤其是在他们按照资产规模收取费用的情况下。所以，如果你要找财务顾问，那一定确保自己有足够的投资资金。一般来说，你至少要拥有25万美元的可投资资产，这样付费请财务顾问才划算。

你的任务：评估自己的财富管理类型。你喜欢自主投资还是习惯找智能投顾，或者你更相信财务顾问？还要确定自己属于哪种投资者：主动型、被动型或中间型，以便确定适合自己的财富管理类型。

现在，我希望大家等一等，先别开设账户！下一项行动中还有一个需要考虑的因素，即最适合你的投资工具。

预算天后建议：如果你想选择财务顾问，那25万美元的投资额要求也不是死规定，还是有一些例外情况的。例如，考特尼说，如果你有一个有特殊需要的孩子，你可以聘请一位财务顾问帮你和孩子建立特定类型的信托。同样，如果你面临着其他特殊情况，需要专业知识和/或小众服务，那你也可以找财务顾问帮忙。

行动 5

确定最适合自己的投资工具

投资工具是你用来增加资金的产品。要想增加财富，可用的工具很多，如房地产、创业等，但是，我们要讲的投资工具是股票、共同基金和交易所交易基金。你要了解这些不同的工具，这样才能确定哪种工具最适合你的性格和目标。

我知道，读到这种内容，大家会觉得自己是金融领域的外行人。说实在的，我虽然身在金融界，但是我在谈到股票、债券和共同基金等专业内容时也会感到有些力不从心。但那又怎样？这些只是金融领域专业词汇和术语，如果你不知道意思，肯定会觉得很奇怪，那我们弄清楚它们的意思不就行了！

我的目标是帮助大家了解这些内容，让你获得充足的信心，知道自己想要什么并采取行动。

我们在本章的行动 2 中已经讲过这些术语的基本含义，现在我们要更深入地谈一谈，研究一下不同的投资工具。有些管理类型可能不支持你喜欢的投资工具，所以你在挑选的时候要考虑你的财富管理类型。

以下是我要重点介绍的投资工具。

股票

一家公司的股份，你可以在整个交易日买卖股票。

- 适合人群：主动型投资者。
- 回报潜力：高，但风险更高。

- 费用：无费用，可能有佣金（越来越少见）。
- 优点/缺点：需要心理强大。

共同基金

一篮子不同公司的股票和/或债券和其他证券。与股票不同的是，你不能在交易时间买卖共同基金，只能在股市收盘后购买。

前面已经说过，如果你购买共同基金中的股票，你就是在和一群其他人一起购买股票，因此叫共同基金。你和所有其他投资者是这个集合基金的股东。

- 适合人群：被动型投资者，因为投资更多元（分散到多家公司），风险也更低。
- 回报潜力：中等，只有当所有公司的股价都大幅上升或下跌，你的收益或损失才会受到影响，股价上升或下跌的幅度一般都不大。
- 费用：称为费用比率（投资共同基金或交易所交易基金的成本）。共同基金多由人工主动管理，费用往往高于交易所交易基金。
- 优点/缺点：可以自动投资，很简单，设置好转账后就不用再管。很棒！

交易所交易基金

交易所交易基金就像是股票和共同基金的结合，是一组股票（和其他投资产品），在交易时间于公开交易所交易。

- 适合人群：中间型投资者，介于主动型和被动型投资者之间的人。如果你对股票感兴趣，但是又担心风险，那这一款就适合你。

- 回报潜力：与共同基金类似。还不错，但是收益也就这么高，风险低于股票。
- 费用：根据你的交易账户，买卖交易所交易基金可能需要支付佣金。运作基金的成本叫作管理费，如果管理费过高，你就要小心了，因为你的回报／收益（在多数情况下，0.5%就算高了）会减少。管理费一般低于共同基金。
- 优点／缺点：可以自动投资，但是投资过程比共同基金复杂。你可能需要登录账户手动买卖。

关注股票

如果你不知道如何开始投资股票，但你又确定股票是适合你的投资工具，那你可以试着列一个"关注清单"。在关注清单中列出你感兴趣的公司，就像逛街时只看不买，你可能总是隔着商店橱窗看那件你喜欢的人造皮夹克，但是还没有准备好买回来。

股票也是如此，你可能留意到这些公司，并且开始关注它们。也许是因为你在新闻上看到关于这家公司的报道，也许是因为你很看好这家公司刚推出的产品。

也许只是因为你经常购买这家公司的产品，这样创建关注清单最简单：你只用环顾一下自己的生活环境，看看自己购买了哪些公司的产品。你已经信任这家公司，愿意购买它的产品，那为什么不买它的股票呢？

想想自己喝什么咖啡，开什么车，穿什么品牌的衣服。如果你忠实于某些品牌，那就非常简单了。例如，你喜欢喝星巴克，只穿耐克，开丰田汽车，那这就是你关注清单的前三家公司。

这样创建关注清单的好处在于，你作为消费者已经对该公司有了一定的了解。投资股票很复杂，所以这么一点熟悉感能够增强你的信心。

当然，这些公司可能并不是你购买股票的首选。为什么呢？因为这些公司的股票可能太贵了，不适合入门。例如，大家都知道亚马逊，但不是每个人都能买得起它的股票——亚马逊当前每股价格超过 2 000 美元。

如果你对股票感兴趣，并且是主动型投资者，那你就可以自己做些研究，确定你想要购买的股票。认真读一两本关于股票投资详情的书籍，这里推荐给大家两本比较靠谱的：本杰明·格雷厄姆的《聪明的投资者》（*The Intelligent Investor*）和彼得·林奇的《彼得·林奇的成功投资》（*One Up on Wall Street*）。

如果你觉得共同基金和 / 或交易所交易基金更适合自己，那你可以选择主动管理型基金（一般是共同基金）和被动管理型投资基金（一般是交易所交易基金）。二者的区别在于，主动管理型基金由人类顾问管理，目标是战胜市场；而被动管理型基金可由智能投顾管理（计算机生成算法），目标是应对市场变化。

大家可能也注意到了，我在讨论财富投资时没有提债券。这是因为你在退休资产配置组合中已经投资了一些独立债券，对吧？所以对于财富投资，你可以把重点放在股票、共同基金和交易所交易基金上。

> **你的任务**：做一些研究，确定自己的投资工具。你想重点投资股票、共同基金还是交易所交易基金？
>
> **预算天后建议**：考特尼说："如果你刚入门，那我建议你投资标准普尔500指数中的交易所交易基金。这样，你接触的都是在美国证券交易所上市的500家大公司。"
>
> 我在工具包中分享了标准普尔500指数中的一些首选交易所交易基金。

行动 6

开始投资

我已经介绍了很多关于财富投资的内容，大家先放松一下吧，去附近散散步，消化一下这些内容。如果需要，再重读一遍！

总结一下我们学习过的内容。

第一，确定自己的投资者类型，包括主动型、被动型或中间型。

记住：你的投资结果取决于3个关键因素，即研究、时间和性格。

第二，选择自己的管理方案，包括自主投资、智能投顾或个人财务顾问。

记住：有些方案是有限制的，你可能无法选择所有投资产品。例如，自主投资软件罗宾汉（Robinhood）目前不提供共同基金产品。因此，你可能需要同时选择多种方案来实现自己的投资目标。

第三，选择自己的投资工具，包括股票、共同基金和 / 或交易所交易基金。

记住：股票风险更高，回报也更高，并且一般没有管理费。

共同基金与交易所交易基金的风险和回报相当，但管理费更高，不过你设置好账户后就不用再管了。你可以自动转账至共同基金，但不能自动转账至交易所交易基金。

交易所交易基金的风险较低，潜在回报比个股低，管理费也相对较低。买卖的时候一定要仔细检查，确保没有佣金。

以指数基金开启投资之旅

多数交易所交易基金都是指数基金，此类基金密切追踪市场指数，如标准普尔 500 指数、道琼斯指数和纳斯达克指数。指数基金的目标不是战胜市场，而是反映市场。因此，多数指数基金都是被动管理型基金（自动选择投资产品），你的管理费因此也就更低。

指数基金的优点在于，你可以在市场上投资，但不必花很多时间研究具体的股票。你只需选择自己投资产品对标的市场（标准普尔 500 指数、道琼斯指数和 / 或纳斯达克指数），然后购买相应市场的交易所交易基金。我在工具包中推荐了一些首选交易所交易基金、基金代码（买卖基金所需的代码）以及我自己最信赖的自主投资经纪公司和电子交易平台，你可以在这些平台上买卖交易所交易基金。

投资的妙处在于，市场总是在上涨的。当然，中间肯定会有下跌期，也许是几天、几周甚至是几年，但在过去 100 年中，投资回报率为 10%，在过去 30 年中，这一数字为 7% ~ 8%。如果你长期投资，总是会有回报的。因此，你需要确保至少未来 5 年内不需要使用财富投资本金。

指数基金是一种成本较低、波动较小的投资方式，可以缓慢增长财富。

投资方案实例

如果我没猜错，大家现在肯定在想，如果有完整的投资方案例子就好了。好吧，如你所愿，接下来我们就看几个例子，看看不同类型的投资者做了什么不同的选择。

1. 艾丽西娅的投资方案（主动型）。她的自主投资经纪账户挂在她的活期账户下，她每周花几个小时研究股票、交易和管理她的投资组合。

优点：财富快速增长的潜力较大。

缺点：亏损的风险更高。

2. 帕蒂的投资方案（被动型投资者）。她不知道从哪里开始，便通过智能投顾开设了一个账户。她做了智能投顾发送的投资调查，算法根据调查得出的风险承受能力和目标帮她自动选择了投资产品。她每月自动向该账户转账。

优点：稳定增长，可以留笔遗产。被动管理账户，管理费很低。

缺点：要想取得可观的回报，这笔钱她至少要投资 5 年。

3. 佩顿的投资方案（被动型投资者）。她的生意非常成功，现在一年的收入达到 6 位数。她希望有人帮她规划财务未来，但不知从何下手，也没有太多时间。她聘请了一名财务规划师，规划师把她的钱投到交易所交易基金和股票上。

优点：她在投资（保险、债务管理、税务管理、房地产规划等）和其他方面都获得了全面的指导。

缺点：她选择的是一位基于顾问服务收费的财务顾问，而不是仅收取顾问费的顾问。她不仅要支付 1.5% 的资产管理费，还要支付所购买金融产品（保险）的佣金（所售产品成本的特定比例）。从长远来看，这种费用结构会大幅降低她的回报。

4. 乔琳的投资方案（中间型）。她喜欢通过自主投资经纪公司买卖交易所交易基金，交易所交易基金是股票和其他投资产品的集合，这样她既可以投资股票，也能降低风险——不把所有的鸡蛋放在一个篮子里。

优点：费用低，控制等级为中等。

缺点：自己要动手，但是并不一定能获得高额回报。

5. 夏琳的投资方案（中间型投资者）。她没有太多时间，对自己的投资能力也没有信心，所以她选择了主动管理型（请人管理）共同基金，希望基金能在长期内战胜市场。

优点：她没有把闲钱存入储蓄账户，而是做了投资。投资增长可能较为缓慢但稳定。

缺点：她在壮年时期可能赚不了大钱。为求方便要支付高昂的管理费，但是她的共同基金的收益未必能超过被动管理型交易所交易基金的收益。2019 年，在美国比较活跃的股票基金经理中，只有 29% 的基金经理的回报率（扣除费用后）超过市场基准。

> **你的任务**：你要采取行动、动手投资了。开始之前，先考虑好以下因素。

第一，确定自己的投资者类型：主动型、被动型或中间型。

第二，选择管理方案：自主投资、折扣经纪公司、智能投顾、财务顾问。

第三，选择投资工具：股票、共同基金、交易所交易基金。

如果你确定自己是主动型 / 股票投资者，那就开设一个自主投资或折扣经纪账户，想好长期策略，开始做研究并购买股票。

如果你是被动型 / 共同基金投资者，那就选择一只基金，设置自动转账。注意管理费，虽然你是被动型投资者，但许多共同基金都是主动管理型基金（真实的人在管理，以期战胜市场），因此，管理费可能更高。

如果你是中间型 / 交易所交易基金投资者，选择一个对标（如标准普尔 500 指数）的指数基金。交易所交易基金的自动交易没有共同基金那么简单，你要在日历上设置闹钟，提醒自己每月购买。交易所交易基金一般是被动管理型基金（计算机算法选择基金组合），所以管理费往往低于共同基金。

如果你不确定从哪里开始，并且手中的可投资资金达到或超过 25 万美元，你可以考虑聘请一名财务顾问（最好是注册财务规划师，更多信息，请参见第十章内容）。财务顾问收费方式不一，有的可能很高，有的收取固定费用（每小时 / 每年数百或数千美元），有的收取管理资产特定比例的费用（高达 2%），也有的按照所售产品（如寿险）价格收取佣金。

如果你需要财务顾问的帮助，但是又不想支付过高的费用，你可以考虑智能投顾。目前，有些智能投顾的费用低于管理资产（即你的投资金额）的 0.25%。你可以先注册，做一下智能投顾提供的调查，确定自己的风险承受能力和目标，然后让计算机算法帮你投资，你只需不断往账户里存钱。但要注意的是，智能投顾提供的是服务，而不是指导，比较适合新手。随着你的财务状况变得日益复杂，你可能需要更多的帮助或者更强大的投资工具。

耶！你就要成为一名真正的投资者了。请参考我在工具包中列出的自主投资公司、折扣经纪公司、智能投顾和财务顾问资源首选网站。

预算天后建议：假如你一心想投资，但总是下不了手，那你该怎么做呢？考特尼说："如果你不敢投资个股，觉得风险太高，那你可以尝试使用股市投资模拟盘做一下练习。"她解释说："市面上有一些在线模拟盘，你可以借此体验一下市场，而不用投入真金白银。在模拟盘中，你会得到一笔一次性的虚拟资金，你可以用它来探索股市。"想要试试吗？上网搜索投资模拟盘然后选择一个就好！我在工具包中也分享了我个人的首选。

但是，无论如何，千万不要过度沉浸于虚拟投资，毕竟跟现实世界是有很大差距的。考特尼说："但现在不做投资也不行。如果你是投资新手和 / 或资金比较紧张，那你可以选择指数基金（共同基金和 / 或交易所交易基金），这样你基本不用自己选择基金中的股票、债券和其他投资产品。"

行动 7

设置自动化后便不用再管

你终于走到了最后也是最简单的一步——设置好投资系统化或自动化后就不用再管了！投资跟其他习惯一样，如果你没有建立充分自动化的体系，那你就可能会偏离方向。

考特尼说："我经常说，投资就像是追求卓越，要达到卓越，是需要不断练习的。如果你把投资单列入预算，那你就是在培养投资的习惯。刚开始时，你每月可能连 1 000 美元都存不到，但每月拿出 20 美元用于积累财富总可以吧，也可以直接把这些钱存入专门用于投资的储蓄账户里。"

如果你选择投资共同基金，你也可以将实际投资自动转入基金。如果你选择股票或交易所交易基金，那要设置一个提醒自己交易的系统。

完成财富投资的自动化或系统设置工作后，你还有一件事要做，即忽略外界的噪声。一旦你开始关注投资领域，你就再也无法对行业内的声音充耳不闻了。你会想：等等，他们说耐克股票怎么了？把电视声音开大点！！

不过，慢慢你就会发现，投资新闻永远都不会停息。你不能听到什么投资新闻都马上做出反应，因为投资是动态的，一直在变化，市场也是千变万化并且行情时好时坏。

这也是我为什么一直强调要长线投资，至少 5 年。如果新闻头条上说你持有的一只股票某天会下跌，你千万不要像兔子一样从市场上跳进跳出。因为如果第二天股价回升，他们可能就闭口不言。

所以，为了自己好，不要理会那些噪声！

定投还是择时

要忽略这些噪声，你可以采用定投，即定时定额投资，而不是试图把握市场时机。

多数人都只是在试着把握市场时机，他们等着股价下跌后再买入，但是你只有到事后才知道股价什么时候最低！

投资历史表明，定投的结果更好，按照这种方法，你坚持定时定额购买同一只股票或基金。例如，你决定，不管你选择的交易所交易基金的当前价值高低，你都会每两周投资 50 美元。这样一来，你的平均收益会好于凭感觉买入的收益。

你的任务：设置存款定期划入投资账户，或者在日历中设置闹钟，提醒你交易。还有就是不要理会外界噪声！

预算天后建议：我建议大家忽略关于市场涨跌的噪声，但考特尼的想法也有道理。考特尼认为如果你投资的是个股，那你应该关注与该公司相关的新闻。"关注新闻，看看这家公司有什么新动态：亏钱了吗？破产了吗？被收购了吗？还是收购了另一家公司？"因为如果你只投了一只股票，那你的鸡蛋都在一个篮子里。那你一定要密切关注这个珍贵的篮子，但同时要保持冷静！你要做的是进攻，而不是防守。

回顾

要投资，就需要采取行动；如果你积极开展个人财务投资，那你就可能取得丰厚的回报。

预算天后智囊团中的凯文·马修斯二世这样说过："不要相信投资成本太高或者投资只是富人游戏之类的话，这都是谎言。不管谁当权，不管市场有何风吹草动以及经济如何变幻，只要你严于律己、坚持不懈，你就能够在股市中积累财富。"

人人都可以投资！我们回顾一下，来看看每月投资 80 美元（每周 20 美元）能带来什么改变。

假如你每月投入 80 美元购买标准普尔 500 指数中的股票，那到我写这本之时（2020 年），你的回报（一段时间内的投资收益或损失）如下。

- 如果你从 2000 年开始，每月投资 80 美元，那你 1.92 万美元的投资（80×12×20）到今天会增长到 8 万美元。
- 如果你从 2010 年开始，那你 9 600 美元的投资（80×12×10）到今天会增长到 2.26 万美元。
- 如果你从 2015 年开始，那你 4 800 美元的投资（80×12×5）到今天会增长到 8 200 美元。

橡子是不是长成橡树了？马上行动起来，不要找借口。我都为你感到兴奋了。你现在已经学会了如何为退休投资、为财富投资！

你的财务系统完整性已经达到 60% 了！这非常了不起。你已经在采取行动保障自己的未来了，想象一下你的生活会发生什么样的变化。去跟旺达击个掌吧，她很开心，因为你现在和未来的生活都越来越美好了。

第八章

合理投保

目标
打造70%完整的财务系统

保险这个话题有点复杂：如果你没有保险，那当你需要保险时就会非常麻烦，而如果你有保险，却又用不到，你就会觉得浪费钱，因为你付了钱，却没有享受回报。确实，很多人根本不买保险，觉得保险就是骗钱。但我要告诉大家的是，在多数情况下，保险绝对不是骗钱，而且一定要买保险。我们要改变心态，不要认为保险是可以以后再说的事情，而应该认识到，投保是为了保护自己和爱人，以更好地抵御未来的危机。

毕竟，生活是不可预知的，你永远不知道自己什么时候会发生事故、患上重病或者遭受生命、财产损失，我们总是不愿意讨论这些可能发生的危险，但它们有一天可能会成为我们生活的全部。如果你有过这样的经历，你就更懂我在说什么了。

从根本上说，保险是一种风险管理工具。投保是为了在发生意外时保护自己，以较低的成本换取内心的平静。

购买保险很容易，但是合理投保并非易事。你可能会觉得自己虽然已经投保了，但是还有些重要的方面没有覆盖到，如果真的发生什么意外，这可能会带来麻烦。

所以，如果你准备好了，那我们就来谈谈保险吧，谈谈保险种类、覆盖范围以及大家关注的问题，谈完你就可以安心了。

计划

制订保险计划以满足 4 类保险需求

预算天后智囊团

安贾利·贾里瓦拉（Anjali Jariwala），注册会计师 /注册财务规划师。2019 年，她被《投资新闻》评为"40位 40 岁以下优秀财务咨询师"，她创立了 FIT Advisors，一家美国财务咨询公司，还有一个很棒的播客：财务体检（*Money Checkup*）。她非常敏锐，致力于帮助客户实现人生目标，并建立财务稳定的未来，她做得非常好！

行动

合理投保的重点在于评估和确定自己的需求，确保花出去的钱能有效保护你。不能仅仅为了有保险而购买保险。你要采取的是以下 4 项行动。

第一，购买医疗险。

第二，了解寿险。

第三，了解伤残险。

第四，购买财产与意外伤害险。

行动 1

购买医疗险

在美国，多数人的医疗险都由雇主提供。但是，如果你是个体经营者、企业主或者你的雇主不提供保险，那你可能需要自行购买私人保险。

1. 保险作用。雇主往往会提供几种医疗险方案供你选择。如果你是个体经营者或者想要单独投保，你可以获得同样的保险方案，只不过价格相差较大。

最常见的保险方案来自健康储蓄账户（HSA）、优选医疗机构（PPO）或健康维护组织（HMO）（对，我知道有点复杂，后面会详细解释）。这些方案的区别主要在于自付额、共同保险金和最高自付额。

自付额是你在保单开始生效（保单承保事件发生，你要求保险公司赔款）之前你支付的金额。支付自付额后，一般还需要支付共同保险金，即你要支付的账单比例，通常是 20%。例如，如果你的自付额是每年 300 美元，你去看病、做检查或手术的费用总额达到 300 美元后，你的保险会支付 80% 的费用，你负责支付 20% 的共同保险金。这样一来，如果看病的费用是 200 美元，你需要支付20%，即 40 美元，保险公司支付 80%，即 160 美元。

你要继续支付共同保险金，直至达到最高自付额（你在一年内为承保服务支付的最高限额），之后保险公司将支付所有费用。但这些都是以年为基础的，新的一年开始后，一切都要重置。

2. 如何确定保费。保费是指你每月为保险方案支付的金额，而不是你为医疗服务支付的费用。保费因保险方案、年龄、承保人数和所在地区而有所不同。

如果你将自己良好的健康习惯，如锻炼、健康饮食和不吸烟等情况上报，有些雇主会为你提供保费优惠。此外，如果你的配偶可以享受其雇主提供的保险方案，而你仍将配偶添加到自己雇主提供的医疗险方案中，你的雇主可能会收取罚金。所以，一定要弄清楚保险方案的具体细节以及你的方案条款！

退休人员医疗险

退休后如何购买医疗险呢？这要视年龄而定。

65 岁以下：如果你没有医疗险并且在 65 岁之前退休，那你要怎么办？也有可能你提前退休了，所以便失去了工作提供的保险。不管怎样，你都可以到美国政府医保网站上的医疗险市场购买保险。如果你失去了医疗险，你就可以在特殊申请期申请，也就是说，即便当前不是开放投保期，你也可以申请医疗险。

65 岁及以上：在多数情况下，如果你的年龄在 65 岁及以上，你就有资格申请老年人医疗险（Medicare），这种保险分为两部分，住院险（A 部分）和医疗险（B 部分）。如果你的年龄在 65 岁及以上，并且你或者你的配偶已经工作且缴纳至少 10 年的老年人医疗险税，你就可以免缴 A 部分的保费。多数老年人都不用支付 A 部分保费，但是所有人都要支付 B 部分保费（如需要）。

医疗险种类 [①]

1. 高自付额保险方案（HDHP）。自付额较高，但是你可以往健康储蓄账户中存款，这种保险非常适合一年到头医疗费用极低的健康年轻人，而且还覆盖疫苗接种、筛查和体检等预防性服务。

2. 优选医疗机构。根据这种保险，你可以选择去网络内（接受特定公司保险的医生群体、专家或医院等医疗机构）任意一家医疗机构就诊。这种保险非常适合那些全年医疗费用高昂的人（患病、有既往病史或小孩经常受伤）。

优选医疗机构保险的自付额往往低于高自付额保险方案，因此，如果你是企业员工并且选择优选医疗机构保险，那你每月支付的保费高于高自付额保险方案的保费。优选医疗机构保险中没有健康储蓄账户，但你的雇主可能会提供灵活支出账户供你使用。

3. 健康维护组织。是所有保险中最实惠的，因为负责你医疗护理的是初级保健医生。你的医生将协调你的所有医疗服务，保留你的所有医疗记录，并提供常规护理。如果你需要看专科医生，你需要初级保健医生的转诊（紧急情况除外）。一般来说，你无法自己选择医生，只能找健康维护组织网络中的医生。这种保险不提供健康储蓄账户，不过你可以考虑使用灵活支出账户。

[①] 下文提及的医疗险种类及相关账户适用于美国居民，我国读者可借鉴思考，举一反三地运用。——编者注

灵活支出账户还是健康储蓄账户

如果你的雇主提供医疗险方案，那你可能已经听同事提过灵活支出账户或健康储蓄账户。让我们来看看二者的异同之处。

什么是灵活支出账户（FSA）？

- 如果雇主提供，你就可以使用，并且不用申请任何医疗险方案。
- 你可以存入税前资金，用于支付符合条件的自付医疗费用。
- 取款免税，但要把钱用于支付符合条件的自付医疗费用，如看医生费用、共付额、牙科和眼科费用以及处方药费。
- 不用便清空——你可以存入税前资金用于支付医疗费用，但是如果你在年底前不使用，里面的钱就会被清空。

什么是健康储蓄账户（HSA）？

- 你有高自付额保险方案的情况下才可以使用。
- 你可以存入税前资金，用于支付符合条件的自付医疗费用。
- 取款免税，但要把钱用于支付符合条件的自付医疗费用，如看医生费用、共付额、牙科和眼科费用以及处方药费。

- 如果你的工作提供健康储蓄账户，你可以自动将工资存入，一些雇主甚至一些保险公司也会往你的健康储蓄账户存款。如果你的保险公司提供此类资金，它们提供的是保费转存款，也就是说，你支付的部分保费会自动转到你的健康储蓄账户中。

如何用健康储蓄账户增加退休金？

- 健康储蓄账户的一个突出优点在于，你可以投资账户里的资金，这样，你的退休金又增加了，旺达肯定很开心！为此，你可以找健康储蓄账户托管机构将该账户跟符合条件的经纪账户关联起来。但并不是所有公司都管理健康储蓄账户资金，我在工具包中分享了一些托管公司名单。
- 健康储蓄账户之所以能增加退休金，是因为它也是税收优惠账户，类似于 401（k）账户、个人退休账户、简化版员工养老金账户和罗斯个人退休账户。健康储蓄账户提供的是 3 重税收优惠——存入税前资金、资金收益免税、取用免税（但要用于支付符合条件的医疗费用）。如果你有工作收入，不需要使用健康储蓄账户，那你可以在退休后使用，到时你可能没有年轻时那么健康，医疗支出应该会更高一些。政府提供的税收优惠少得可怜，如果你在年轻时不使用健康储蓄账户里的钱，那你就相当于多了一个有税收优惠的退休账户，而且完全合法（得意抖肩）。

- 此外，你可以指定一名健康储蓄账户受益人（在你身故后得到你资金的人），如果你未使用里面的资金，那钱就会留给你指定的受益人。
- 跟灵活支出账户不同的是，健康储蓄账户里的钱没有日期限制，如果你离职，你可以把钱转走。

你的任务：查看一下你当前的医疗险及保费，确定下一年的医疗费用，看看是否需要在投保开放期调整保险。如果你在孕期或者刚生完孩子一年，担心有并发症，你可以考虑从高自付额保险方案转为优选医疗机构保险。如果你选择优选医疗机构保险，你可以任意选择网络内的医疗服务提供者，这种灵活性很适合你。如果你有健康储蓄账户，那就太好了！如上文所述，你可以用它来积累养老金，让它物尽其用。

预算天后建议：如果你是个体经营者或者你的雇主不提供医疗保险，你需要自己自费购买一份保险。你可以上政府医保网站搜索适合你和家人需求的保险方案。

如果雇主不能帮你分担成本，购买个人保险的成本会更高。但安贾利也说了，你在报税时可以申请保费减免，所以还是能享受一些税收优惠的，这是好事。如果你加入了什么专业机构，你也可以看一下该机构是否提供团体医疗险，这些保险可能比私人保险便宜。

失业人员医疗险

根据美国政府医保政策，如果你不工作，你仍然可以在网上申请平价医疗险。至于你可以申请什么医疗保险以及报销比例，那要看你的家庭规模和收入，而不是你的就业状况。

你也可以通过政府医疗补助项目（Medicaid）或儿童医疗险项目（CHIP）申请免费或低价保险。有关详细内容，请访问美国政府医保网。

行动 2

了解寿险

下面我们要谈谈各种人寿保险（简称"寿险"），那我们先从基本定义开始：寿险是投保人（你）和保险公司之间的合同，你每月支付固定金额的款项，即保费。

你支付了保费，保险公司便会在你身故后向你指定的受益人支付一笔一次性的款项，叫作死亡赔偿金。只要你定期付款，那不管你生前付了多少钱，你的受益人都能拿到保单承诺的款项。

谈到寿险，大家可能会感到恐惧，因为我们需要直面自己有一天将离开人世的事实。怎么处理这种不安情绪呢？你可以换个角度看待这个问题，不要纠结于自己的死亡，而是考虑自己去世后这份寿险能够给受益人，即在经济上依赖你的人带来什么。这样想想是不是觉得好点了？

我非常理解这样的心情，我们当然可以安慰自己：我是不会离开的，但是我们也要保护好所爱的人，不是吗？

在评估人寿保险需求之前，我们要先了解一些基本情况。

1. 如何购买。购买寿险是要走流程的。首先，所有的保险公司都会让你填写一些表格，以收集一些基本信息，包括你的年龄、性别、体重，以及一些健康细节（比如是否吸烟或有任何既往病史）。你选择的保险公司会核实这些信息，所以不要低报体重和年龄。

保险公司会根据这些基本信息估算出你的月付额，并保证基于此向你的受益人支付赔偿金。这个初步估值叫作报价。

如果你手头有一份或多份报价单（死亡赔偿金金额不同），你要选择最适合自己的一份，并开始更全面的申请流程，包括填写更详细的表格，有可能还需要做体检。如果需要做体检，那体检内容跟年度体检相似，包括量血压、尿检、抽血检测胆固醇和血糖水平。体检可能还会检查你是否患有某些疾病，如糖尿病、心脏病和特定癌症等。检验结果出来后，保险公司可能还会要求你提供就诊记录，以了解你的病史。

你可能觉得这有些侵犯隐私，但这是标准流程，因为保险公司需要知道投保人的具体情况。往积极的方面想，它们至少没有让你做那些军事化的测试，例如一公里定时跑或做无数个引体向上（初中体育课的噩梦）。它们并不是要浪费你的时间，也不是要了解你的信息后到茶水间议论，它们收集的信息都将用于为你提供寿险。

保险公司审核过所有信息后会提供正式报价和保单金额，即你每月的保费和死亡赔偿金。但现在还没到签字和设置自动付款的时候，在此之前，你要仔细查看保单条款。我们马上就讲到了。

2. 寿险种类。分为两种，即定期寿险和永久寿险（万能寿险和终身寿险都属于永久寿险）。

第一种是定期寿险。定期寿险是有年限的（定期），保单也只在该期限内有效。例如，如果你的保单年限为 30 年，那你要支付 30 年的保险费（月付），如果你在这 30 年内离世，保险公司会向你的受益人赔付（死亡赔偿金）。如果你在 30 年后还在世，那你的保单就到期了。你每月不再支付保费，你的受益人在你离世后也无法从保险公司拿到钱。

很多人无法接受保单到期这一点。他们觉得生气，甚至有些怀疑，觉得自己虽然一直付钱，但是自己或继承人可能什么都拿不到。不过我觉得我们可以多看看积极的一面，这说明我们还活着！但我理解这种心情。

说到底，寿险跟车险一样，只是一种风险管理工具。假如你在保单有效期内一直交车险，但从未用过，你会因为自己没出过事故没用过车险而生气吗？不会吧。

有些定期寿险公司还可以在保单中添加附加条款，在保单到期后将定期寿险转换为终身寿险。一般来说，这样做成本很高，但是如果你认为自己可能需要终身寿险的死亡赔偿金（见下文），或者觉得以后（如保单到期后）年纪更大、体质更差时购买终身寿险的成本太高，或者担心自己到时无法参保，那这也不失为一种选择。

定期寿险适合多数人，所以基本上人人都可以考虑购买。这种保险的价格一般比较合理，特别适合年轻健康时购买，是你在自己有工作 / 收入的时候为受益人提供的保障。

第二种是永久寿险。永久寿险也叫终身寿险或万能寿险，顾名思义，就是永远不会到期的保险。你每月支付保费，直至死亡，届时，你的受益人将获得保单承诺的全部金额。

终身寿险与定期寿险的结构不同，你每月支付保费，你去世后保险公司会赔付保单全部金额，但是你支付的一部分资金也会累积现金价值。所以你在世时可以使用你投入的现金，你的受益人可以在你去世后获得赔偿金。这样看来，这种保险似乎比定期寿险更具吸引力，因为你可以在有生之年使用你投入的一部分资金，只要你持续支付保费，这个保单就永远不会到期。

这些听起来都很好，但是，如果有人向你推销这种方案，你一定要谨慎，因为销售人员可能是出于自身利益而推荐这种产品。保险代理人向你介绍或者力荐你购买永久寿险，如果你买了，那他们就能拿到佣金，而且非常高，但定期寿险的佣金就低得多。你猜猜看，多数代理人更可能向客户推荐哪一种寿险？

我说得这么直白，有些保险代理人听到可能会很生气。不好意思，如果这样可能会让你拿不到佣金，我并不感到抱歉。当然，我并不是说谁都不能买永久寿险，如果你属于前 1% 的顶级富豪，那这种保险应该适合你。所以，"碧昂斯"[①]，如果你为了保护自己的资产已经尝试过所有其他做法，而你的财务顾问认为永久寿险是个不错的主意，那就去买吧。

但对我们普通人来说，保险是一种风险管理工具，而不应是投资工具。保险公司的业务是保险，而不是投资。如果你想赚钱，你应该去购买实际的投资产品，如股票、共同基金和交易所交易基金（在第九章已介绍），而不是购买保险产品。

一些公司很会宣传，向人们兜售用寿险赚钱的想法，但是，当我们购买房屋险、车险、公寓险或者宠物险时，我们会想从这些保险中赚钱吗？不会吧。假设你购买了宠物险，你想的应该是：我的毛孩子把我最喜欢的鞋子咬烂了，没关系，只要它活蹦乱跳的就

---

① 碧昂斯（Beyoncé），知名美国女歌手唱片。截至 2019 年，碧昂斯的净资产为 5 亿美元。——译者注

好。还是说你想从把鞋子咬烂的事中赚钱呢？

让我们来做个简单的辩论吧。假设你跟碧昂斯一样能赚钱，并且在考虑购买永久寿险。你不想听能言善辩的保险代理人在那夸夸其谈，而是让他们明确回答你的问题，以便你决定怎么做对自己最有利，而不是对保险代理人最有利。

如果保险代理人说："永久寿险就相当于税收递延，因为你投入钱之后可以申请等额的免税贷款。"

这虽然是事实，但用永久寿险进行税收递延并不一定最适合你。你要充分利用所有可用的递延账户，如上一章提到的 401（k）账户或个人退休账户。购买永久寿险并不是唯一一种税收递延策略，也不是最佳策略，反而可能是成本最高的策略！

如果保险代理人说："这种保险有现金价值，能够创造价值。"

但要知道，你可以用更好的方法来积累财富。我们来简单算一下，在死亡赔偿金（赔付金额）相同的情况下，定期寿险的年费和永久寿险的年费差额是多少？如果你把这个差额投入股票市场，你赚的钱肯定超过保单的现金价值。

我不知道具体能多赚多少钱，毕竟年回报率有浮动，但是，根据《消费者报告》（Consumer Reports），保证现金价值的终身寿险（一种比较受欢迎的永久保单）的平均年回报率为 1.5%。就这么多！我不知道你读到这本书时是什么时间，但 1.5% 的回报率并不比一些高收益储蓄账户的回报高多少。在过去 30 年里，股票市场的回报率为 7% ~ 8%！所以说，你完全可以把购买永久寿险多花的钱用于投资回报更高的产品。

另外，如果你买这种保险，一般需要 10 年左右才能付完大部分保费，到时候才有可能产生一些真正的现金价值，但问题是，多数人在这之前就停止付费了！

你可能会说，我这个人非常负责任，永久寿险的保费这么贵，我一定会一直交下去的。然而，精算师协会的数据显示，45% 的终身寿险投保人会在头 10 年内放弃保单（停止支付保费），也就是说，在购买最热门的永久寿险（终身寿险）的人中，有近一半的人支付了高额的保费，却从来没有收到回报！

此外，如果你停止支付保费或取消永久寿险保单，你不仅会失去这份保险，还有可能要承担其他后果。

- 购买定期寿险的成本可能更高（因为你这时比购买永久寿险时年纪更大）。
- 失去已经投入该保单的额外资金。你可以收回一部分资金，即退保价值，但保险公司会收取退保费，所以退保价值往往略低于保单的现金价值（累计储蓄和投资）。反正保险公司总有赚头！

如果保险代理人说："不管怎样，你都能给孩子留下这笔赔偿金。即便你没有任何其他资产给他们，你还有这份寿险保单啊。"

你要知道，这种承诺的代价非常高昂，对多数人来说毫无意义。如果你购买一份定期寿险，并把多余的钱存起来或者以其他方式投资出去，那你就能少花很多钱。如果你不用支付高额的终身寿险费用，你就可以每月拿出 200 美元用于投资赚取收益。这样，也许你不用永久寿险就能为孩子提供必要的保护。

我们再来看一组真实数据：在 2020 年年末，如果一位身体健康、不吸烟的 30 岁女性购买一份 100 万美元保额、30 年期限的寿险，平均每月要交 40 美元（注意：吸烟者的保费要高很多）；但是如果这位女性购买一份 100 万美元保额的永久寿险，那每月保费至少为 730 美元左右。她完全可以把这多出来的 690 美元拿去投资！定期寿险一个月的成本只够永久寿险两天的成本。

我购买寿险的经验

我在 27 岁时（未婚，没有孩子）购买了一份 30 万美元保额的 30 年定期寿险。我当时刚花 22 万美元购买了我的第一套房子，所以我想买一份保险，用于在我身故的情况下覆盖我的抵押贷款（跟你们说过了，我一直都喜欢研究财务）。

我在前言中已经说过，受 2008—2009 年经济衰退的影响，我失业了，当时我 29 岁，最终大部分账单都付不起了。但我一直付得起我的定期寿险，为什么呢，因为当时的保费是每月 23 美元，现在依然如此。但是如果我当时购买的是超级贵的永久寿险，那我肯定已经停止付款了，已经投进去的钱也基本上会血本无归。这些年来，我的财务状况起起落落，但我现在仍然拥有这份平价定期寿险。

你可能仍然心有怀疑，觉得自己属于适合购买永久寿险的那 1%。好吧，如果你在所有可用的税收递延账户存款都达到了限额后还有大量闲置资金，你想要把它们存到一个低收益的地方，那你确实适合购买，你就属于那些能够获益于永久寿险税收递延功能的少数人。但要记住，你的月成本还是会比较高。

长话短说，我真的希望大家都用不到定期寿险，我希望你们健康长寿，在有生之年自己和爱人都有钱花，而不是把钱花到昂贵的永久寿险上！

现在你已经了解了寿险的基本情况，接下来我们要进一步展开，以确定最适合你的具体产品。你要记住，在这方面，你是消费者，你有钱，并且要把钱花在适合自己生活的产品上。你要清楚自己需要什么，这样才能得到自己需要的东西。你先问自己以下 4 个问题。

需求：我需要寿险吗

寿险的作用在于，当你有收入时，它是一份保障，在你身故后，它可以用来偿还大额债务（如有）。如果你需要为他人提供经济支持或者你的收入要用来养家糊口（直系亲属、大家庭，或者你帮助的其他人），那你就要确保万一你英年早逝，他们的生活能有一定的保障。这种保障就是寿险。如果你遭遇不测，那些依靠你支持的人或者继承你债务的人就能获得你购买保险的全部保额。

不过，如果你单身和 / 或不用为他人提供经济支持，或者你没有需要亲人偿还的大额债务（如抵押贷款），那你暂时不需要购买寿险。我知道，我前面说年轻体健时购买保险比较便宜，但是假设你未来 5 年内无结婚或生育计划，那就不需要寿险，如果你现在买一份，那多交这 60 个月（5 年）的保费毫无必要。5 年后，保费可能会有所增加，毕竟年龄是影响费用的一个重要因素，但是肯定不会高于 5 年的保费。所以，不要在未来计划毫不明确的情况下购买寿险。

如果你有配偶、伴侣、子女、受抚养人、要供养的家人，或者背负许多死后无法免除的债务，那你现在就需要寿险。

我应该为我的孩子投保吗

一个事实是，投保人越年轻和健康，保险费就越低，因此，儿童险最便宜。

但如果你想为孩子投保，你要先想一下：我的孩子是否有患病的风险，导致他们以后难以投保或无法投保？如果你觉得风险很高，那就应该花钱为孩子投保。但是如果你仅仅为了投保而投保，那就有点浪费钱了。如果是我，我会把钱存起来用于孩子的教育，或者直接用于丰富他们当前的生活。

保额：我需要购买多少保额的寿险

寿险的保额取决于许多个人因素，包括你的收入、家庭规模、每月支出、债务以及你想要纳入保险的未来目标。

要确定基本保额，有一个简单的方法：选择至少是自己收入10倍的保额，最好是15倍。如果你一年赚10万美元，那你的保额至少应为100万美元。你还要把其他债务或者未来的义务考虑在内，例如，抵押贷款或者孩子的大学学费，你在考虑保险需求时也要纳入这些费用。

但要提醒大家的是，如果你收入较高，超过30万美元，那收入10倍的保额可能太高了，这样成本会高于收益。如果是这样的话，你可以根据自己的支出和未来目标（如果你离世）来确定保额。例如，如果你每月花费1万美元，那一年就是12万美元，如果保障期为20年，你可以考虑购买保额约为250万美元［12（万）×20（年）］的保险，这是根据自己的需求（支出）而不是生活价值（收入）购买保险。如果你不买寿险，那多出的钱要怎么处理呢？投资呀（见第七章）。

如何计算你所需的寿险保额：将你的工资乘以 10（或更大的数字），并酌情将家庭责任和债务等其他义务的成本计算进来。

期限：我应该选择多长的保单有效期

这取决于你的目标——你应该抱着这样的想法，即保险只是工作时代的一个保障措施，你将存下足够的资产，到退休后根本就不需要寿险了。寿险就像是一座财务之桥，一头是今天的你，另一头是可以安稳退休的你。在你积累财富的过程中，这座桥能够为你和你的家人提供保障。等你为退休积累了足够的财富，你就不再需要寿险提供的收益了。

所以，你要进一步明确自己的目标，包括你想什么时候退休，你想留给受益人多少钱，等等。我建议 35 岁以下的人投保 30 年，45 岁以下的人投保 20 年，45 岁及以上的人投保 10 年，基本上都是投保到 65 岁。

你也可以考虑分段递减寿险，即总保额符合你的需求，但是到一定阶段后，保额有所减少。例如，你的保单期限为 30 年，前 20 年的保额较高，覆盖范围也更广，因为这时的你还在工作，你的孩子尚且年幼，你想把他们的大学学费也纳入保险。在保单的后 10 年里，保额可以降低。因为不仅你仍然在工作，而且你的孩子已经大学毕业了，所以你不用再担心学费支出了。在这份 30 年的保单中，最后 10 年的保险覆盖范围变小了。

退休后购买寿险

退休后再购买寿险没什么意义，因为寿险的作用是在你工作时代提供保障，以确保在经济上依赖你的人在你早逝后能够生活无忧。如果你有生活上无法自理的孩子或者在经济上仍然依赖你的成年子女，那倒可以在退休后购买寿险。在这种情况下，购买终身寿险或者永久寿险可能更合适，毕竟定期寿险有期限，总有一天会到期的。总之，如果你为了受益人必须要购买保险，那在自己的能力范围内，最好选择永久寿险。

种类：什么种类的保险适合我

前面已经说过，定期寿险适合多数人。永久寿险涉及佣金和账户管理费，这些都是你不愿意也没必要多花的钱。

至于哪类保险适合你，我本人推荐定期寿险，我觉得定期寿险适合所有人，除非你是碧昂丝或奥普拉。

如何选择和购买寿险

你只用回答几个简单的问题就能获得寿险报价。我在工具包中列出了一些可以询问报价的好公司，它们将会提供一系列的方案供你选择。如果你当前购买了某家公司的其他保险，并且对该公司的服务和价格都很满意，那你可以向它们咨询寿险价格。不过，你并不会因此享受任何寿险优惠。

如果你有任何既往病史，你可能需要一对一的服务和更具针对性的建议，那你可以考虑找一位保险代理人，而不是选择线上服务。安贾利也如此建议。她患有非常轻微的哮喘，但是怀孕之后，她的哮喘变得非常严重，几乎全年都要吃药。哮喘就是一种既往病史，它会影响保费高低。

她告诉我："我有定期寿险，但是我们对寿险的需求增加了，所以想再买一份保险。我就跟我的代理人说了我在吃的药和我当前的情况，问他有什么建议。他帮我研究了一下，并推荐了适合我这种有严重哮喘的人的保险。"

显然，选择代理人而不是线上服务供应商的好处在于，你可以提出问题，并获得具体的指导，以确定最适合你的保险（如安贾利）。在这种情况下，你能找人好好谈谈，并获得支持，这非常有帮助。

你的任务：确定自己是否需要寿险，然后选择最适合自己的保险种类。确定自己的死亡赔偿金预期，选择适当的保单期限。确定你的受益人，使用与钱为友工具包中的线上工具或者联系代理人获取报价。定期寿险的好处在于，它的监管很严格，所以不管你联系谁，你得到的报价都没有差别。只要报价来自同一家保险公司，保费都一样。

购买保险时，一定要选择实力强大和财务健全的公司，确保需要赔付时公司还在！代理人可以帮你了解保险公司的发展历史和可靠性。

你也可以自己做些研究，查一下保险公司的贝氏评级。贝氏（A.M. Best）是一家创立于1899年的信用评级机构，对各家公司的历史了如指掌。贝氏所做的工作是评估保险公司的财务健康状况，并基于此给出一个评级。大家最好选择那些贝氏评级为 A 级或更高（最高级 A++）的公司，历史悠久而且你也听说过的公司比较靠谱。

注意：前面说过，你要在自己生活发生变化（如结婚、生子）后更新 401（k）账户或个人退休账户受益人，保险受益人同样也要更新。至于是否要告诉此人你将其指定为受益人，这取决于你。但是你要确保你的爱人可以轻松获知这些信息，最好告诉另一个人你把信息藏到了哪里！

预算天后建议：如果你认真考虑了我的建议，想要取消永久寿险或者将其换成定期寿险，先不要急着取消，也不要直接放任不管（不再交钱）。安贾利说："取消旧保单之前，先买好新保险。因为你不知道医疗险领域会有什么新变化，不知道自己会不会因为各种原因无法参保。如果客户说他们要取消永久寿险保单，我们会让他们先买好定期保险，开始付费，确保保单生效后再着手取消终身寿险，这就等于放弃索赔的权利。"

她还建议，如果你的雇主提供了团体寿险，你可以考虑再购买一份私人寿险。"团体寿险是跟雇主关联的，如果你离开这家公司，那你就失去了雇主提供的保险。假设你最终还是离职了，年纪也增长了 5 岁或 10 岁，那你再去购买私人寿险的价格肯定比最开始直接购买的价格高。"

如果你已经购买了永久寿险，现在想更仔细地了解一下保险内容，那你可以找一位自己信任的保险代理人或财务顾问来帮你审一下保单。他们往往可以分解成本，算出你需要多久才能回本。

安贾利说："一个可靠的保险代理人还可以为你提供其他选择，将保单转换为其他性价比更高的产品。永久寿险保单太过复杂（我觉得他们是故意的），所以你要找专业人士来帮你做评估，看看是保留还是退掉保单"（关于如何寻找财务人员，请见第十章）。

如果你的永久寿险保费已经交了 10 年或更久，那你最好继续交费，毕竟你可能已经支付了保单的成本。怎么说呢？在投保后的前 10 年内，你支付的多数保费都用于支付代理费了；在此之后的大部分保费都会提高保单的现金价值，最后进入你的腰包。所以说，如果你已经交了 10 年的保费，那最好还是留着这份保险。安贾利补充说："在这种时候，投保人一般年纪也比较大了，可能也更难买到其他寿险。"

行动 3

了解伤残险

伤残险是一种重要但经常被忽视的保险产品，这种保险能够在你在世但失去工作能力时为你提供资金。

跟其他种类的保险一样，如果你没有预先购买伤残险，那意外发生后，你只能悔之晚矣，无法让时间倒流。如果你说："哎，你知道吗，我当时没有买那份保险，但现在我需要了，因为我无法工作了，我还可以买吗？"哎呀，太遗憾了，我只能说："抱歉，但这样可不行哦。"

1. 保险作用。伤残险的作用是，当你遭遇意外无法再工作时，它能为你提供收入。如果你因为患病或受伤而失去了工作赚钱的能力，只要你满足保险条款，你就可以通过伤残险领取收入。

许多人认为，如果自己有一天真的不幸伤残了，那工作提供的伤残津贴就够了，或者也可以领取政府提供的残疾补贴。

但问题是，这些补贴即便全部加起来也有可能不够你花，即保额不足。你也可能因为各种原因没有充分受保，例如，你购买的团体保险有些限制，无法赔付你可保的全部金额；或者根据保险覆盖范围，你可以选择与当前工作不同的岗位，但你因为残疾无法胜任，你的保险金因而减少。

另外，如果你的伤残险保单由雇主持有，那么你领取保险金是要缴税的。如果你购买私人保险，自己支付保费，那么保险金是免税的。

2. 如何确定保费。伤残险的成本取决于几个因素。

- 你的年龄：一般来说，年龄越小，价格就越低。
- 你的性别：根据历史统计，女性的伤残索赔更多，所以女性的伤残险费用更高（注意：怀孕和分娩相关问题以及妇女常见病也会导致保费增加）。选择保险时，要找男女价格相同的保险公司。
- 你的整体健康状况：申请伤残险需要做医疗检查，而且检查项目会比寿险的体检更全面。
- 你的职业：如果你从事的工作受伤风险较高，那你的伤残险成本肯定更高。你的生活方式也是如此——如果你做极限运动，那你的保费可能会更高，你的申请也有可能会被拒。最好去不同保险公司了解一下，看看你这样的生活方式能否参保还是会被拒保。
- 你的收入：你的收入越高，保险公司的潜在赔付额就越高，所以你的保费也会更高。
- 吸烟与否：跟寿险一样，如果你吸烟，你的保费就更高。

- 保障期：潜在赔付期越长，你支付的保费就越高。
- 保单中对伤残的界定：如果两份保单的保障分别是你"无法从事自己的工作"和"丧失工作能力"，那前者的保费更低（下文详细介绍）。

伤残险种类

伤残险分为几类，我们将重点介绍两大类：短期伤残险和长期伤残险。

短期伤残险针对短期的应急需求，在你因生病、受伤或休产假（和／或照顾新生儿）而没有收入时为你提供保障。这种保险的赔付比例可以高达你收入的 80%，平均保障期为 3 ~ 6 个月，也可能长达 1 年。

一般雇主会提供短期险，你可能需要支付一些费用，也可能不需要。购买私人短期伤残险的情况不太常见，因为这种保险的成本远高于公司投保的成本。安贾利给出的专业建议是，私人短期伤残险的赔付金额较低，购买这种保险得不偿失，不如在长期伤残险之外（下文介绍）准备足够的应急资金（参考第三章的相关内容），用于保障免责期的生活。

长期伤残险用于在长期失去收入时提供保障，保障期长达数年（平均为 3 年左右）。一般来说，长期伤残险有一个免责期，即你在开始领取津贴之前的等待期。在此期间，你可能要靠短期伤残险或应急资金生活。

长期伤残险能够赔付你收入的 40% ~ 60%，你的雇主也许会为你提供此类保险，但是你可能需要支付部分费用。

接下来我们看看你的伤残险需求。我们主要关注长期伤残险，因为在很多情况下，购买私人短期伤残险并不划算。短期伤残险往往由雇主提供，有时候你所在的州可能也会提供（例如，加利福尼亚州就提供短期伤残保险）。你可以跟人力资源部沟通一下，了解自己的参保情况以及是否需要选择此类保险，如果需要，记住勾选这一项！

需求：我需要伤残险吗

简单来说：需要。如果你有工作赚钱的能力，你就要保护这种能力及其带来的财务稳定性。不过你的雇主提供的保险中可能已经包括伤残险了。

如果你是个体经营者，你应该考虑购买一份伤残险。很多专业组织为其成员提供团体伤残险，你也可以去找保险代理人购买一份更全面的保险。

要满足伤残保障，你可以先充分利用工作提供的各类保险，如果还有不足，再去购买私人保险。

如果你有收入，在积累财富，并且要为他人提供经济支持，那你现在就需要购买伤残险。

保额：我需要购买多少保额的保险

如果你想购买伤残险，你可以看看自己的收入水平能够购买的最高保额是多少。如果这个保额在你的预算之内，那你就可以购买；如果价格太高，那你再去看看自己的面条预算（创建自己的面条预算，见第三章行动3），找些可以利用的资金，或者缩小保险覆盖范围，将保费调整到自己可以承受的范围。一定要量力而行。

你自己购买的伤残险和雇主提供的伤残险有一个明显的区别：如果自费购买，领取保险金是免税的。如果雇主提供团体保险并且支付保费，那你领取保险金就需要缴税。

你需要多少保额要看你的收入。一般来说，最好选择全额赔付（收入的 60%）的保险，如果这样成本太高，那就调整一下你的其他支出，取消一些没有使用过的订阅服务，或者缩小保险覆盖范围，将保费调整到自己可以承受的范围。

期限：我应该选择多长的保单期限

一般来说，你可以自由选择保单的期限，但也有例外情况。如果你是木匠、水管工等手艺工，你能购买的保单期限可能就有所限制。

保单期限越长，价格就越高。你可能觉得领保险金一直领到退休比较好，但这个成本可能非常高。

选择多长的保单期限要看你的年龄。你可以购买期限较短（5 年或 10 年）的伤残保险，但延长赔付期，这样的成本应该不会很高。总之，最好购买一份保至退休的伤残保险，一般到 65 ~ 67 岁，正好是旺达的年纪。

种类：我应该选择什么种类的长期伤残险

这里我们就要重温一下伤残险的定义了，伤残险的覆盖范围包括两类：所有职业和特定职业。这一部分非常重要，一定要认真看。

如果伤残险覆盖所有职业，只要你还有一丝工作能力，即能够从事另外一些的职业，那你也无法获得赔付。

而针对特定职业的伤残险则不一样，如果你因为伤残无法再从事受伤或生病时所做的工作，即便你还可以从事另外的工作赚钱，你也可以获得赔付。

如果你从事的是医学等专业领域的工作，那你最好购买特定职业伤残险。你已经为自己的教育和培训投了大量的时间和金钱，所以要确保保险能够针对你的专业领域赔付。即便你不是医生之类的专业人员，那在自己能力范围内，最好还是购买特定职业伤残险。

如果特定职业伤残险超出了你的经济承受能力，那你可以选择覆盖所有职业的伤残险，价格更便宜。但这不是最佳选择，因为只要你还能工作，即便不是你当前的专业领域，你就有可能拿不到赔偿或者只能拿到部分赔偿。看到了吧？就跟你们说这部分很重要了。

至于哪种长期伤残险适合你，还要看你工作的专业程度以及你工作之前接受了多高水平的培训和 / 或教育。特定职业伤残险是最佳选择，尤其适合那些从事专业工作并且接受了大量培训或教育的人。

你的任务：如果你在企业工作，那你首先要确定雇主已经提供的伤残险种类以及保险的条款。你要了解以下内容。

第一，你在需要的时候能够获得多少赔付。

第二，什么样的事件或伤害可以赔付。

第三，免责期有多长，以及申请后多久可以收到第一笔赔付款。

根据我的个人经验，最后一点尤其重要。我丈夫曾经做过动脉瘤手术，4 个月不能工作。由于他的保单中有免责期（领取赔付金之前的等待期），我们直到他恢复工作后才收到第一笔伤残赔付金。花了好几个月的时间！幸好，我当时可以支付我们的花销，但这种情况并不理想。

如果你也要等数月才能收到第一笔赔付款，那你要准备一些应急资金（见第三章）。如果你没有那么多的资金，那你应考虑购买一份私人短期伤残险，以便及时拿到赔付款来支撑自己的生活。请访问工具包搜索相关产品。

　　前面已经说过，这种情况下购买的短期伤残险可能很贵。所以再次提醒大家，一定要准备一些应急资金，以便顺利度过等待期。

　　接下来，你要选择一份个人长期伤残险，用来补充雇主提供的保险，但如果你是个体经营者，这就是你唯一一份保险。你可以根据上文的4个问题来确定适合自己的保险，并参考我在工具包中分享的资源，寻找此类保险。

　　预算天后建议：你可能想，政府提供的社保包含伤残险，所以自己不用再买了。是的，政府确实会提供此类福利。但是，安贾利解释说："你很难满足社保的伤残要求，而且如果你领取社保金的话，有些保险会降低赔付金。所以你要确保自己有一份全额赔付的保险，没有任何附加条件。"

　　她还强调说，如果你完全搞不明白哪种伤残险最好，那你一定要去找一位优秀的代理人。她说："一位优秀的代理人能帮你找到你想要的保险，并且其中没有或很少有不受保条款。我知道，很多保单中的规定非常不合理，尤其是针对女性的保单，例如，分娩并发症竟然不在保险范围内。仔细想想，这其实挺荒谬的——紧急剖宫产是为了保证婴儿健康必须要做的事情，但等你去申请伤残险赔付时，它却成了不受保项目。有些项目不受保是不可避免的，有些却是可以避免的，而经验丰富的代理人能帮你买到没有此类条款的保险。"如果你从事的是专业工作，那你最好找专门服务同类客户群的代理人。例如，如果你想知道怎么找到优秀的代理人吗？请见第十章。不要忘了，他们是靠佣金赚钱的，你不用直接付钱给他们，他们售出保险后，会抽取一定比例的保费作为佣金。

好的，这部分讲完了，我们还要再介绍一种保险。加油！

行动 4

购买财产与意外伤害险

财产与意外伤害险应该是大家最熟悉的险种，不过你可能并不知道这个名字。财产与意外伤害险是一个总括性术语，一般是指房屋险和车险以及你为自己的休闲车辆（如船只、摩托艇、房车、拖车或摩托车）购买的保险。

虽然财产险与意外伤害险被合并在一起，但它是指两类保护。

财产：你想投保的实物，如你的车、房子、手机等，是真实有形的东西，还包括这些实物之中的东西，如房子里的珠宝、墙上的艺术品、车里的高级音响系统。

意外伤害险：如果由于你的责任导致他人在事故中受伤，那保险公司就会替你赔付。

我会重点介绍车险和房屋险，因为多数人都需要这两种保险。如果你是租房一族，千万不要以为房屋险跟你没关系，我也有一些重要的建议给你！买好财产与意外伤害险不仅仅是拥有保险，还要确保你的保险覆盖范围足够。

车险

基本上，美国各个州都要求你为自己所有的车辆购买保险。虽然弗吉尼亚州、新罕布什尔州和密西西比州没有这样的要求，但是如果你造成事故，你仍然要承担经济责任，如果你没有保险，你就要自掏腰包。你只是不会因为没买车险而被罚款而已。所以，如果你有车，那你最好给车上保险。如果没有车险，汽车维修费可不是小数目，这样你就省不了钱了！

1. 保险作用。购买车险是为了应对事故带来的各种经济需求。

2. 如何确定保费。保险公司会根据你的年龄、驾驶记录、车型、住址、汽车停放位置以及每年的行车距离生成保险报价。

保险公司还会考虑你的自付额，即保险公司赔付之前你需要自掏腰包的金额。如果你的自付额为 500 美元，那你自己要先支付账单的 500 美元，之后保险公司会赔付剩余部分。相比于低自付额保险方案，高自付额保险方案的前期费用更低，但是如果你需要理赔，你就需要自付更多钱。

3. 车险种类。车险分为许多种，但是按照保障范围主要分为以下几种。

- 碰撞险：适合汽车受损的情况。
- 综合险：适合汽车被盗、被破坏等情况。
- 人身伤害险：适合发生身体伤害造成医疗费、误工费等情况。
- 无保险或保险不足驾驶人保险：适合对方没有保险或者保额不足以支付你的汽车维修费的情况。

- 责任险：适合你是事故责任方的情况。

4. 何为优质车险。购买车险后，保单中会有一个声明页，上面列出了受保项目。以下是你需要查看的内容，确保保单没有问题。

- 驾车的家人：确保将所有开这辆车的人都纳入保险。
- 车辆信息：这部分的信息是否正确？汽车的年份和型号会影响保费。
- 身体伤害险：如果你是事故责任方，这部分保险会赔偿对方的身体伤害。
- 财产损失险：如果是你造成事故，这部分保险会赔偿他人的财产损失。
- 医疗险：如果你在车祸中受伤，无论是谁造成的事故，保险都会赔付你或乘客的医疗费。
- 无保险驾驶人身体伤害险：如果过错方驾驶人没有保险或者肇事逃逸（某些地区），这部分保险会为你、你的受保家人、你的乘客的人身伤害、损害或死亡提供赔偿。如果你和其他受保人在乘坐他人汽车、骑自行车或步行时遇到事故，保险也会赔付。
- 邮政编码：你的居住地点会在很大程度上影响你的保费。不同地区可能有所不同。
- 年行驶里程：行驶里程很重要。美国消费者联合会（CFA）发现，如果驾驶人减少每年的里程，那可以节省 5% ~ 10% 的车险保费。

房屋险

房屋险跟车险不一样，不是强制购买的保险。但是多数贷款机构规定，如果你想贷款，你就要为自己要买的房子购买保险！所以，除非你全款买房，否则你就要买房屋险。其实多数贷款机构只要求购买最低额的保险，有时候只是火灾险。但说实话，房屋险是一定要有的，而且不能等。

1. 保险作用。房屋险保护的是你的有形资产，包括你的房子和里面的个人财产。如果有人在你的房子里受伤，例如在楼梯上绊倒后手臂骨折，起诉你并要求你赔偿，那保险就可以支付相关的费用。

2. 如何确定保费。当你申请房屋险时，保险公司会考虑所有关于赔付的风险因素，包括房屋年限、位置（是否处于人口密集区、洪水或火灾多发区域）、房屋电气系统和管道类型、翻修历史、过往索赔等。保险公司在确定保费时，可能会还考虑你的信用记录（呀！分数不够高吗？回顾第五章，了解如何提高分数）。

你的保额和自付额水平也会影响保险成本。

3. 保险种类。房屋险共有 8 类，分别用不同的房屋类型编号指代，如 HO-1[①]、HO-2、HO-3 等，代表不同类型的受保房产，如住宅、公寓或移动房屋以及承保的风险类型（造成房产损坏或损毁的事件、情况、事故）。火灾和入室盗窃等风险一般都在受保范围内，而高风险地区的地震和洪水可能不在受保之列。你还可以购买附加保险，保险公司同意你增加、删减、排除或更改保险条款。你也可以单独购买一份保险，专门针对一般房屋险不保的风险投保。

租客们注意：你们也需要保险

如果你是租房者，你要购买 HO-4 保险。如果房屋被窃或者房子在火灾、洪水或暴风雨中受损，这种保险会保障你所租房子或公寓中的所有个人物品；如果房子出现问题，你需要暂时搬到酒店，保险还会赔偿生活费用。

租客险很重要！你很难利用房东的保险保护自己的个人财产，而且租客险的性价比还是很高的。

---

① HO 是英文 homeowner 的缩写，指房主——译者注。

4. 房屋险内容。购买房屋险后，要跟买完车险一样，确认一下投保范围。保单中的声明页列出了受保内容，你要检查一下上面的内容，确保准确无误，并且满足你的投保要求。这一页可以用作保险证明，需要续保时也可以拿来跟其他保险公司的保单对比。声明页中包括以下内容。

- 被保险人姓名：本保单中所有受保人的姓名。如果你跟伴侣没有结婚，那要把每个人的名字都单独列出，确保人人都受保。
- 保单期限：包括生效日期和到期日期。如果你不想搞错，那千万不要跳过这部分！
- 其他相关方：你的保险代理人和保险公司名称以及贷款机构名称（如果你的被保房产有抵押贷款，那贷款机构就是赔款受益人）。

- 自付额：申请索赔时需要自己支付的金额。
- 保险范围：一般分为 5 ~ 6 类，包括住宅、其他建筑、个人财产、使用价值损失、个人责任和向他人支付的医疗费用。
- 赔偿限额：每类索赔的承保范围和最高赔偿金额。如果这里有两个数字，第一个数字往往是指每次事故的赔偿金额，第二个数字是指一年的赔偿总额。
- 可用优惠：如果你在家里安装了安防系统或集中火灾报警等保护装置，保险公司可能会提供一些优惠，如果你在同一家公司购买多种保险，那你也可享受折扣。

你的任务：确定为自己哪些财产购买财产与意外伤害险。如果你没有车险和房屋险（或租客险）但需要这类保险，那就尽快去购买。如果你买了这些保险，那就把声明页打印出来，确保自己充分受保。

找优秀的代理人咨询，或者使用工具包寻找满足自己需求的保险。

预算天后建议：安贾利极力建议，如果你的资产和 / 或收入增加了，那一定要相应地调整自己的财产与意外伤害险。你也可以购买"伞式保单"（总括性保险）来保护自己。安贾利说："伞式保单是补充现有房屋险和车险承保范围的责任险。"

"假设你车险的基本赔偿额为 50 万美元，你又买了 100 万美元的伞式保险，这 100 万的保额将叠加在之前的 50 万之上。如果你申请索赔，最后自己却卷入大官司，那这种保单真的能够保护你。"

有些伞式保险非常便宜，我一年只花 400 美元就买到了 100 万美元保额的保险！"伞式保险还能保护你未来的赚钱能力，如果你收入很高并且会继续积累资产，那你肯定要保障自己的这种能力。另外，美国是一个非常爱打官司的国家，人们动不动就起诉，所以你可以购买一份这样的保险来保护自己，它简单又便宜，还能扩大你的责任险承保范围。"

回顾

现在是不是觉得自己真的成长了？我完成本章的行动后就是这种感觉。现在你知道了，你要重点关注的保险种类为：

- 医疗险。
- 寿险。
- 伤残险。
- 财产与意外伤害险，尤其是车险和房屋险。

你知道吗，我现在可是一脸骄傲——**你的财务系统完整性已经达到 70% 了**！我们快要实现目标了！

第九章

增加资产净值

目标
打造80%完整的财务系统

资产净值，这个词听起来是不是让人感觉像是富人一样？可别以为只有超级富豪才有资产净值，人人都有资产净值。

查看自己的资产净值就像用体温计量自己的体温一样，资产净值就是你的财务温度。如果你的体温升高，你很可能会去找医生检查。资产净值（财务温度）也是如此，只不过这个温度高可不是坏事。如果你的资产净值较低，甚至是负值的话，那可能是因为你的存款较少或者学生贷款余额较高。你的资产净值越低，财务的健康性和完整性就越低。

如果你的资产净值超高，那你要么像碧昂斯一样富有，要么在做正确的事情，至少是在财务领域。但对于其他人来说，我们的目标是实现正资产净值，即便这个净值仅仅是 100 美元、200 美元或 1 000 美元。

准备好了吗，我们要开始学习资产净值了，包括如何计算你的资产净值以及如何实现你的资产净值目标。

计划

实现正资产净值，并制订战略计划来增加资产净值

资产净值是一个数字，即资产减去负债的结果。这个数字不是信用分数，不会给你带来什么特别的好处，但它是一个重要的财务指标。如果你的资产净值为正，那说明你的财务状况良好，你已经积累了一些财富，并且还在不断增加财富；也或者是你一直在赚钱、存钱和投资，为退休做准备并积累财富，确保自己生活无忧。资产净值不是一成不变的，你的财务决定会影响这个数字的正负。

行动

以下是评估和增加资产净值的 4 项重要行动。

第一，了解并计算自己的资产净值。

第二，接受自己当前的资产净值。

第三，确立资产净值目标并确定实现目标的行动。

第四，未来做财务决定时牢记资产净值。

行动 1

了解并计算自己的资产净值

资产净值仅仅代表你的基本财务状况，不代表你的成就、性格或成功与否，不能说明你是什么样的商人、母亲或厨师（不管你的职业是什么）；你能不能在婚宴上大秀舞姿也不重要，它就是根据

你的财务信息计算出来的一个数字。

资产（你拥有的财产）- 负债（你欠的债务）= 资产净值

你将自己的数据代入这个简单的算式后，得出的结果可能为正，也可能为负，甚至可能为零。注意，这个结果并不一定跟收入有关。如果你的收入比别人低，资产净值却更高，那可能是因为你的资产多于负债，而别人则相反。例如，当我刚开始教书时，我的一位律师朋友赚得比我多很多，但是她的资产净值远低于我，因为她的负债更多。我马上会分析两个案例。

当你评估自己的资产净值时，一定要把该算的都算进去，如果你漏掉了一些内容，那算出的资产净值就不准确，也没什么用。我们在前文已经讲过资产和负债，但我还是在下面列出了资产和负债中分别包括的各类项目。

资产（你拥有的财产）

现金显然是一种资产，但它不是唯一一种。资产是你拥有的所有有价值的东西，是你放进口袋的钱财，例如：

- 股票。
- 房地产（价值）：住宅、商业房产或未开发土地。
- 汽车（大多数汽车都是折旧资产，即年代越久，价值越低）。
- 珠宝、艺术品、收藏品。
- 储蓄（现金）。
- 贵金属。

- 设备。

负债（你所欠的债务）

债务让人不开心，但是也同样重要。债务是你欠他人或机构的东西，是你要从口袋里拿出来的钱财，例如：

- 银行贷款。
- 学生贷款。
- 汽车贷款。
- 抵押贷款和房屋净值贷款。
- 信用卡债务。
- 所得税债务。
- 未付账单（如医院账单或个人贷款）。

这会儿，你应该已经在头脑里大致算了下，知道自己的资产净值大概是多少了。你可能会想："惨了，我的资产净值是负数"；或者"我刚刚到正净值……"。如果你一直觉得自己的状况不错，那你可能会想："我的资产净值肯定比较高。"

不管你在想什么，停下来。这就像是称体重之前看着称，心里先有了一个或高或低的预期，但你根本不能确定真实数字到底是多少。

就资产净值而言，多数人的估计都不准确，因为他们自己根本没有计算过。不管怎样，还是先把这些估计放到一边，用真实的数字说话吧。现在要确定你的资产和负债了。你可以使用附录中的资产净值表（见附表5）列出资产和负债，然后把表格放在便于查看并且好找的地方，不要把它藏起来，不然不仅别人找不到，你自己也可能找不到！

了解你的资产

确定自己的资产和资产价值时，你可以参考这些提示和问题：

- 先统计最明显的资产，即现金，这比较简单。看看你的存款就行了，不过不是活期账户，因为如果你日常用的是这个账户里的钱，那里面的金额应该是一直上下浮动的，并不稳定，不算存下来的资产。
- 你收藏邮票、硬币、玩偶甚至是古董车牌吗？我本人就是一个狂热的硬币收藏者，手里有一套价值很高的硬币，是我在六年级的时候从一个军人孩子那里买来的，他收集了他居住过或去过的国家的硬币。我也不知道为什么，当时就觉得该买下来，所以，他以 20 美元的价格卖给了我。这么多年过去，这套硬币还在我手里，现在价值数千美元，因为有些国家已经不复存在了。
- 当然，并不是所有的收藏品都有价值，但有价值的就要算作资产。如果你从来没有为自己的藏品估过值，那现在可以考虑去评估一下了。
- 你有贵重珠宝吗？有艺术品吗？你买的时候多少钱？如果是继承的，那它们现在值多少钱？
- 如果你有股票，拿出最新的报表，看看它们当前的市值有多少。
- 如果你有汽车和 / 或房屋等财产，那最好确定这些资产的公允价值，越接近越好。汽车的话，你可以参考相关权威资料中的当前估值。房屋的话，就不要采用折现估值了，可以去网上找一个房屋估价计算器，虽然算出来的数字并不完全准确，但是大致范围应该不会错。与折现估值相比，房屋估价计算器的好处在于，它会参考你所在地区其他类似房屋的最近售价，这样你就知道现在卖房能卖到什么价格。

你要把这些资产的完整价值都写下来，而不只是你拥有部分的价值，我们会在负债栏中列出这些资产的负债，以确保平衡。

了解你的债务

现在该说负债了，计算负债肯定没有计算资产有意思。不过，你的负债总额是确定的，你就算不知道也不会改变什么，但是如果你知道了就能做出改变。

以下是一些建议。

- 先想想你欠哪些人或机构的钱，即便没有账单，但只要有欠款就都算上。这可能包括父母借给你的首付钱、你生孩子或背部受伤住院时还未缴清的医疗费，以及你 3 年前买车后还没还清的车贷。这些都是负债。
- 你每个月付清的账单不是负债，例如，生活杂费账单，包括水、煤气、电、有线电视费等，这些都不是负债。但有一种例外情况，如果你的账户有逾期或累积欠款，那这个欠款就属于负债。
- 信用卡债务也是如此，如果你每月还清信用卡，那这部分就不算债务。但是如果你只偿还部分债务，剩下结转的部分就要算进债务。

- 如果你有抵押贷款，那你当前未偿还的房贷（不是初始贷款金额，除非是还没有开始还款的新贷款）就是负债。当前的贷款余额可能很大，但是别忘了，你在资产栏中填了你房屋的估价。房屋价格减去贷款余额便是房屋净值，而房屋净值会增加你的资产净值。车贷也是这个道理。

房屋所有权和净值

你知道财富的一大基石是什么吗？房屋！没错！美国房地产经纪人协会的一份报告显示，普通房主的资产净值约是租房者的 41 倍。

也就是说，房屋积累的净值最终肯定会改变你的资产净值。例如，我 9 岁的时候，我的父母花 25 万美元买下了我童年的家。30 年后的今天，这栋房子的贷款已还清，房子当前的价格接近 70 万美元，净值增长 45 万美元，这笔资产买得太值了。

如何计算资产净值：两个例子

计算资产净值时，你要考虑很多因素，但是实际的计算很简单，做一下减法就行。下面我给大家举两个例子，分别是 24 岁的我和我前面提到的律师朋友，大家一看就知道有多简单了，而且结果会让你感到意外的。

1. 蒂芙妮的例子。蒂芙妮 24 岁，她是一名教师，每年都加薪，她的年薪从 3.9 万美元增长到了 4.5 万美元。她花 5 500 美元现金买了一辆二手车。她上大学的时候不住校，所以她的学生贷款金额很低，而且已经还清了（她还没有还完读研的 5.2 万美元学生贷款，不过那是 26 岁时候的事了）。她每个月都还清信用卡，所以没有信用卡债务。她在 401（k）账户中已存了 2 万美元，还有约 3 万美元的积蓄，因为她像一只超级松鼠一样一直存存存！

资产
- 汽车：5 500 美元。
- 401（k）账户：20 000 美元。
- 储蓄：30 000 美元。
总资产：55 500 美元。

负债
- 信用卡债务：0。
- 学生贷款：0。
- 抵押贷款：0。
总负债：0。

蒂芙妮的资产净值：55 500（美元）–0=55 500（美元）。

看起来很不错，但别忘了，到 26 岁的时候，她的钱全部被骗走了！唉！关于小偷杰克的内容见前言。

2. 詹妮弗的例子。詹妮弗 25 岁，是一名新晋律师，年收入 15 万美元。她的学生贷款债务约为 10 万美元（她读的是普林斯顿大学，还上了法学院，但也有奖学金）。她有一辆价值 2.5 万美元的新车，但还欠着 2 万美元的车贷。由于她还欠着很多学生贷款，所以她没有往 401（k）账户中存钱。她还要买工作套装，所以欠着 3 500 美元的信用卡债务。詹妮弗有 5 000 美元的积蓄。

资产

- 汽车：25 000 美元。
- 401（k）账户：0。
- 储蓄：5 000 美元。

总资产：30 000 美元。

负债

- 信用卡债务：3 500 美元。
- 汽车贷款：20 000 美元。
- 学生贷款：100 000 美元。

总负债：123 500 美元。

詹妮弗的资产净值：30 000（美元）–123 500=–93 500（美元）。

说实话，詹妮弗的律师工作比蒂芙妮的工作更有收入潜力。如果詹妮弗减少自己的负债，并且同时增加资产，那她以后的资产净值应该会超过幼儿园教师蒂芙妮。不过呢，蒂芙妮想要通过副业增加资产，而且正在考虑创业（你们知道的）——打造预算天后，因为她热爱个人理财这一领域，并且有教学能力。不管怎样，这两位女性的资产净值都完全取决于她们增加资产和减少负债的能力。

你的任务：列出你的资产和负债，然后计算你的资产净值（资产–负债）。把第二章做过的资金明细表放在手边，你等下需要用。另外，你可以也应该使用附录中的资产净值表（见附表5）或者从工具包下载。

行动 2

接受自己当前的资产净值

这是一项小行动，却是一项重要的行动！

不管你年龄大小、收入高低，算出自己的资产净值对你都有好处。当然，资产减去负债后的结果可能会让你不开心，这也是为什么大家都不想知道自己的资产净值！

我想跟大家说的是，不管你的资产净值高低，那都不是什么大不了的事。你可能有 3 000 美元的银行存款，却欠着 1 万美元的学生贷款，那你的资产净值就是 –7 000 美元。不过这没关系。

也许你的负债更多，资产净值接近詹妮弗的 –93 500 美元，那也没关系！

计算资产净值只是为了了解我们当前的状况。你要告诉自己，"我这样做是为了量量我的财务温度，这样我才知道接下来该怎么做"。

工作的目的

最近，我在听播客的时候听到说唱歌手 Jay-Z 之前的商业伙伴达蒙·达什（Dame Dash）说："我希望更多的人能够理解工作的真正目的——工作的目的是拥有资产。你拥有的资产会不断增长，总有一天，能让你不再工作。"这话让我不禁停下来开始思考。

哇！说到我心里去了。在很多人看来，工作是为了支付账单、享受一点乐趣以及存一些钱以备不时之需。但说实话，如果你改变心态，你就能改变自己的资产净值，也能够提高自己的能力，实现财务完整。

我们工作似乎是为了支付账单、花钱享受、存钱应急，但别忘了，我们工作也是为了拥有资产，如果做得好，终有一天，我们就能靠自己拥有的资产生活。

你的任务：计算出资产净值后感觉如何？看到这个数字，你感到失望还是伤心？你是不是在跟别人对比？心里是不是想：姐姐的资产净值肯定比我高。哼！

不要感到不开心，你好好制订一个计划便可以改变这个数字。放心，我会帮你的。

预算天后建议：如果你的资产净值为负，那可能有多种原因。

第一，你刚开始工作，赚的钱还不足以还清债务（很有可能是学生贷款）。

第二，你刚接触投资，你的钱增长还比较慢，赶不上债务增加的速度，但已经在慢慢好转了。

第三，你刚购买了大件物品，如汽车，车贷还没怎么还；或者是刚买了房子，房子还没有升值。

第四，你借钱太多了。你有很多信用卡债务和其他贷款吗？不要自责，我不会说什么的。我也有过这样的经历，也做过这样的事，甚至还为此写了一本书（咳咳，就是你在读的这本）。

不要担心，只要你确定切实的目标并采取具体的行动，这些都不是问题。那我们动手吧！

行动 3

确立资产净值目标并确定实现目标的行动

你要接受自己当前的资产净值，但是也要去增加自己的资产净值。为什么呢？因为正资产净值非常有用，能让你轻松退休、随心旅行、支持家人以及毫无负担地去下馆子等。

不过，资产净值与你挣的钱不一定挂钩。不管你的收入有多高，只要你的负债多于资产，那你的资产净值就是负值。有些人一年赚 100 万美元，但他们的资产净值为负 1 000 万美元。你肯定不想这样！

你的目标不应仅是多赚钱，而是每年都增加一些资产，或者每年都减少一些债务，也或者二者兼有，这样你才能拥有可观的资产净值。与简单的"我想赚更多钱"比起来，这样的目标是不是更明智、更具战略性？

制定你的资产净值目标

好的资产净值目标要具体、现实并且有具体行动支撑。

具体的目标比模糊的目标更有激励性。要制定具体的目标，你需要确定一个金额和一个时间段；至于行动重点，你可以将增加资产或减少负债二选一，也可以二者兼顾。例如：

- 资产净值目标：我想在未来两年内增加 1 万美元的资产净值。
- 专注于负债：我想在未来两年内还清车贷，将负债减少 1 万美元。
- 专注于资产：我想在未来两年内以家教为副业，并将赚的钱存起来，增加 1 万美元的资产。

制定现实的目标有助于你取得成功，收获喜悦，不再失望。如果你的资产净值目标是 10 亿美元，那是不是有点不太现实呢？

现在我们要看看你在第二章时制作的资金明细表了。把它拿出来吧，我们还要看看你的储蓄额、债务偿还情况以及投资目标，这些都是前面已经完成的任务。

你刚刚已经想了一个大概计划，那就借此确定一个现实的资产净值目标吧，不过要保留一定的灵活度。你思考一下：如果你多存些钱或多做些投资会怎么样？你多赚些钱会怎么样？如果你能更快地还清债务呢？这些选择会如何影响你的资产净值目标？

当然了，现实的目标未必就不能是宏大的目标，只要你有行动支撑就可以。

有行动支撑的目标就是配有具体措施的目标。我就喜欢制定宏大的目标，并且觉得这样也有用。你只需将大目标分解成更易实现的小目标，一步步向前走，不要打退堂鼓。

在理想情况下，你的行动至少要分为两步，当然更多也可以。你可以将重点放在增加资产或减少负债上，也可以双管齐下。

你的生活可能会意外发生改变，而这些目标和行动也要随之改变，很是灵活。举例如下。

1. 桑德拉的计划。

具体目标：我想在 5 年内拥有 10 万美元的资产净值。

现实目标：桑德拉当前的资产净值为 5 万美元，如果她采取行动去追求该目标，那应该可以实现。

以行动支撑目标：桑德拉可能会采取的具体行动如下。

- 我会使用第四章中的雪球法偿还 1 万美元的学生贷款债务。
- 我又取得了一个学位，我可以借此要求加薪（查看第六章的建议），或者找一份薪水更高的工作。
- 我自己有房子，而且所处地段的房价在上涨。我和家人的动手能力比较强，所以我们会自己做一些升级改造，以低成本增加房子的价值。这样一来，按照当前的升值趋势，我的房屋价值可能会增加 3 万美元。
- 我会开始做培训生意。多数工作都是线上开展，而且已经有人给我推荐了一些客户，所以我预计一年可以多赚 1 万美元。

2. 爱博妮的计划。

具体目标：我要在两年半内增加 1 万美元的资产净值。

现实目标：爱博妮当前的资产净值为负 1 万美元，但从她的行动来看，增加 2 万美元的资产净值还是可行的。

以行动支撑目标：爱博妮可能会采取的具体行动如下。

- 我要在今年还清剩余的 3 000 美元车贷。
- 我会利用第四章中的雪崩法在未来两年内偿还 7 000 美元的信用卡债务。
- 我开始了一项新的副业（为博主写稿），每月能赚 1 000 美元，一半用于储蓄，一半用于还债。
- 公寓租约到期后，我会从当前的一居室搬到一个单间公寓，这样每月能节省 200 美元。信用卡债务还清后，我会把省下来的这笔钱用于财富投资，并且存下至少 3 个月的应急资金。

你的任务：写下你的资产净值具体目标，确保是可以采取行动支撑的目标，并制定一些可行的措施来实现目标。记住，这些措施要能够帮你增加资产和减少负债。

预算天后建议：看着桑德拉和爱博妮的行动，是不是感觉她俩也读了这本书！其实增加资产净值就像是这本书的一个顶峰，要增加资产净值，你必须先了解前面章节的内容，包括制作预算、储蓄、管理债务、提高信用分数、增加收入、投资以及为资产投保等。记得要时时重温与你的目标相关的内容！你也可以使用下面的备忘单来快速找到你需要参考的内容（见表 9-1）。

表 9-1 资产净值备忘单

如何增加资产	如何减少负债
制定预算——第二章	重组债务——第四章
增加储蓄——第三章	制订还债计划——第四章
增加收入——第六章	使用意外之财加速还债——第四章
加薪谈判——第六章	管理信用——第五章
开发副业——第六章	保护收入——第八章
动手投资——第七章	

行动 4

未来做财务决定时牢记资产净值

你现在知道资产净值是怎么回事了，也知道如何制定目标和支撑行动，你已经掌握了这部分知识，可以开始努力地增加自己的资产净值了。

基本上，这些就是你所需要的知识。但这些多是理论，都是些数字和策略，如果在现实世界中，当你每时每刻都面临着消费机会时，你又会怎样呢？如果你听到"今天办卡节省 20% 之外再省10%"后，忍不住去办了一张商店信用卡，那你计算的资产净值就瞬间化为乌有。

所以，这最后一项行动就是为了提醒你，以后做财务决定时要牢记自己的资产净值。一定要小心，因为眨眼之间债务就能堆成山。

很多时候，债务的快速积累都源于贷款，贷款买电视、冰箱、搅拌机、沙发、茶几等，这些债务很快就会滚成球，出现在你的债务明细表中。就这样，你的资产净值一下子就减少了。

其实，你是可以存钱然后全额购买这些东西的。如果你想要里程、积分或其他福利，那可以使用信用卡，但是最好已经存够了钱，可以全额还款，避免产生利息。

所以，从今以后，每当你有可能产生新债务的时候，你都要停下来问问自己，值吗？也许你真的很想买高级的新款搅拌机，但你真的需要吗？你会收到搅拌机账单吗？也就是说，你是不是要刷信用卡，给自己新增一笔无法立即偿还的债务？如果你存了几个月的钱，能买得起某件东西，那就可以全款把它买下来。如果你借钱，你花的就是未来的你的钱。旺达肯定不乐意。

用资产偿还负债

你喜欢好东西吧，我也是，所以我想出了一个绝佳的办法来为这些好东西买单——用资产偿还负债。资产是你放进口袋的钱财，而负债则是你从口袋里拿出来的钱财。

例如，之前，我想去希腊的圣托里尼（我去过的最美丽的地方之一）美美地度个假，但是我不想刷信用卡，也不想增加负债，所以我就积极地寻找付费演讲机会。我把这些收入存入旅行储蓄账户（储蓄账户中的现金也是一种资产），并且用其中的一部分度过了一个完美的假期！

> 这样下来，我的资产净值仍为正，而且还在不断增长，我也体验了生活快乐和新奇的一面。那你该如何用资产来偿还负债呢？

我觉得贷款很有用，但最好仅限于以下 4 种情况。

- 买房。
- 看病。
- 上学。
- 买车（我非常建议用现金购买二手车，尤其是经官方认证的二手车，当然这并不适合所有人）。

除此之外，你在使用信用卡或者接受贷款之前，一定要停下来考虑一下。以前，我每次去温蒂汉堡买三明治时都是刷信用卡，我觉得这再自然不过了，从来没有犹豫过，也从来没有想过刷信用卡买三明治最终会影响我的资产净值。确实影响了。你想一下，每次刷信用卡都是在贷款，而我竟然贷款买三明治。现在的我已经改了，我会想一下我的负债和资产净值目标，然后说不用了谢谢。当然，我隔三岔五还是会去温蒂汉堡买吃的，只不过是付现金而已！

你的任务：在日常生活中，你要始终想着自己的资产净值，转变心态，从消费者转变为积累者。回顾"你需要它吗？你热爱它吗？你喜欢它吗？你想要它吗？"（第三章行动 4），学习如何确定支出的优先等级。

　　　　　　重复做对的事

如果你习惯使用信用卡，那以后可以尝试存钱然后用现金支付全款。为了你的未来和你的资产净值，这是值得的！问问旺达就知道了。

预算天后建议：其实现金仍是王道。我终于住进自己的房子后，需要买些家具，我就去了本地的一家夫妻店。我提出用现金结账，他们竟然给我打了 7 折！如果你去规模较小、自主经营的商店购物，你支付现金能帮商家省去他们的信用卡手续费，这也给了你更大的谈判权，毕竟省去这部分费用能够显著增加他们的利润。

用现金支付也能够保护你的资产净值，因为研究表明，如果你付出的是现金而不是信用，那你可能会花得更少。

回顾

从资产中减去负债，得出的数字便是你的资产净值。如果数字为正值，那你就不用担心自己的财务状况，但这个数字并不能直接反映你的收入。

重点是，不管你当前的资产净值是多少，都不要因此苛责自己。知道自己的资产净值后，确定你想实现的目标就去行动吧，你的未来掌握在你的手里！你的所作所为与你的资产净值息息相关。去学习储蓄，学习减少债务，学习投资并学会赚钱——坚持往前走！

最后，记住每 6 ~ 12 个月确认一下自己的资产净值。你只用找出工具包中的表格，更新其中的数字，看看是否需要调整目标。

好了，大家的财务系统完整性已经达到80%，并且资产净值为正（或者就快实现）。如果你一直想买某件东西或者做某件事（负债），而且已经存够了钱（资产），还准备了至少3个月的应急资金，那就去买吧，去体验吧，这不会影响你的财务目标的！一般我是不会建议别人这么做的，但破个例，朋友，用你的资产去偿还负债吧。

第十章
打造专业财务团队

目标
打造90%完整的财务系统

你需要一个团队，准确地说，一个财务团队，一个能够支持你和帮助你做财务决定的财务团队。

根据个人财务状况的复杂程度，团队成员构成会有所不同。如果你的财务状况不太复杂，例如，你有一份工作，有雇主提供的401（k）账户，租住在公寓里，并且还有一点积蓄，那么你的财务团队中可能只包括你的伙伴、同伴群体和一名财务专家，就像我这样写书或授课的人，我也非常乐于加入你的团队！

如果你的财务状况比较复杂，例如，你拥有一家公司并雇了员工，你拥有房产并且有一笔房屋抵押贷款，那你团队中的成员要多一些，还要包括一名会计师、一名律师、一名注册财务规划师以及一名记账员。这些财务专业人士会根据你的具体情况提供个性化的指导。

这些人分别负责不同的专业领域，所以你的整体成本很高。但是，如果你对这些领域一无所知，而你确信他们对此无所不知，那付出这个成本是非常值得的。在本章中，我将介绍财务团队中最常见的5类成员，其中一些是每个人在财务规划的某个阶段都会需要的专业人士。

计划

组建一个财务团队，帮助你实现财务目标

要想建立合适的财务团队，关键是要写下你的财务目标，然后确定实现这些目标需要什么帮助。当然，你还要确定谁能提供这样的帮助。

例如，如果你的目标是赚更多钱，那你可能需要一名谈判导师或商务导师。付不起费用吗？别担心，你可以根据自己的需求先找找这一领域的公众人物，听听他们的采访，看看他们的视频，还可以在社交媒体上关注他们。想要获得有用的帮助，也不一定要会面或接受一对一服务。我自己的财务团队的很多"成员"我从来没见过，但是他们在网上免费分享的材料为我提供了指导。

如果你有钱购买一对一服务，那我会给你一些寻找、面试和审查团队成员的建议。

在本章中，你所做的一切都是为了找到和选择合适的人员。如果选错了人，让不合适的人在自己身边，那你可能会误入歧途。例如，如果你的朋友过度消费，那你可能也会过度消费，最终无法实现自己的财务目标。再例如，如果财务顾问使用的投资策略与你的目标不一致，那你也无法实现财务目标。

行动

如果你需要下列人员的帮助，那你就要采取本章中的行动：

第一，找一位责任伙伴。

第二，考虑找一位注册财务规划师 / 财务顾问。

第三，考虑找一位注册会计师。

第四，找一位遗产规划律师。

第五，考虑找一位保险经纪人。

大家需要回顾一下这 5 类人员的定义，并确定自己的团队当前需要哪些人员。随着时间推移，你的财务状况复杂程度会发生变化，你的需求也会随之改变，因此，你要了解他们所能提供的帮助，以备不时之需。

确定好自己需要的专业人士后，你就可以着手招聘了，你可以上网找别人推荐，也可以打电话预约面试。你可以使用附录中的"我的财务生活模板"来审查财务专业人士。

行动 1

找一位责任伙伴

你可能不需要下文其他的财务团队成员，但你肯定需要一位责任伙伴，人人都需要！这个人会帮助你实现目标，而你也会帮助他 / 她实现自己的目标。

既然是责任伙伴，那你一定要找支持你、鼓励你，而不是贬低你、打击你的人。大家应该马上会想到与自己最亲近的人，确实，对很多人来说，身边的人都是希望自己成功的人。

但是，如果你身边的人并非如此呢？那我觉得你可以考虑这个圈子之外的人。你身边的人可能总是替你决定什么最适合你，也许出发点是好的，但是太过固执，一定要把自己的想法强加到你的目标上。你的目标就是你的目标，你的责任伙伴不应指手画脚。

不过，你最了解自己身边的人，如果你知道自己的姐妹、母亲或最好的朋友会无条件支持你，那你可以请他们中的一位成为你的责任伙伴！

我认为，责任伙伴应具有以下品质。

- 目标明确：他们是否有明确的人生目标？他们在有人反对和支持者寥寥的情况下是否仍然毫不动摇？
- 态度积极：我并不是说他们永远无忧无虑。但是，他们谈到自己的目标时是否坚定？他们是否坚信自己能够并且一定会实现梦想？他们是否能毫无顾忌地说出"我会，我能，我可以"？
- 良好的职业道德：谁都会努力工作，但是他们愿意去付诸行动吗？他们是否会持续努力，直至实现目标？
- 优质朋友圈：他们经常跟谁待在一起？他们的朋友是什么样的人？他们身边都是优秀和积极的人士吗？还是说他们身边都是你不喜欢也不尊重的人？选择责任伙伴时，你也要考虑他们周围的人，确保你可以接受与他们来往。

我将具有这些品质的人称为"追梦人"。他们乐于提供支持，并且不吝帮助那些专注于财务发展的人，他们当中的很多人已经加入了我的追梦人社交媒体群。

你的生活中有追梦人吗？吸引追梦人的最好办法就是成为一名追梦人！

行动 2

考虑找一位注册财务规划师／财务顾问

我觉得注册财务规划师就像是财务团队的队长，负责协调团队的其他成员。

注册财务规划师是财务顾问的一种，能就财务各方面为你提供帮助，包括预算制作、债务管理、退休、大学财务规划、遗产规划、税务规划、风险管理以及许多其他财务目标领域。他们并不一定擅长所有这些领域，但是他们掌握基本的知识，也有行业熟人，可以帮你实现预期结果，并在需要时帮你找到或挑选其他专业人士。

注册财务规划师与财务顾问有何不同

财务顾问是帮助客户管理资金的人，不一定持有特定的资格证书。

注册财务规划师是财务顾问的一种，帮你制订计划以实现长期财务目标。如果一名财务顾问是注册财务规划师，那此人至少拥有 3 年全职财务规划经验，经过注册财务规划师委员会的严格培训并符合经验要求。要成为注册财务规划师，必须要通过注册考试，并坚持较高的道德标准。

但要注意的是，财务顾问即便不是注册财务规划师也可以使用"财务规划师"这一头衔。如果你要聘请一位注册财务规划师，那一定要上美国金融业监管局官网核实注册财务规划师委员会是否对其签发了资格证书。

当你在寻找财务规划师或财务顾问时，千万不要仓促做决定。这个人要管理你的整体财务，所以会问你很多个人问题，例如，你的储蓄账户里有多少钱？每月的具体花费有多少？年薪多少？房子值多少钱？所以你们的关系会变得比较近，可以说，你是要和这个人一起到老的，因为你肯定不想每隔一年就换新人。我之前就是每隔一年就找新的人，说来话长了，不过我现在有安贾利了，她是预算天后智囊团的一员，特别优秀。

选好财务规划师后，你们两人就可以决定见面的频率和方式了，可以通过见面、视频聊天、打电话，而且你可以随时邮件联系他们。一开始，你们见面会更频繁一些，因为财务规划师要了解你财务生活的所有细节，让你走上正确的方向。之后，你们就可以按照约定，将见面次数减少到每季度或每年一次。

我觉得我已经实现了财务完整，而且我的财务故事也够写一本书了，但我还是有自己的财务规划师！我很喜欢她的一点是她不会卖产品给我，但是会告诉我我还需要什么。例如，最近她指出我和我丈夫的保额不足，但是她没有向我卖保险。相反，她让我联系我的保险公司，扩大保险覆盖范围。你也要找这样的人，即他们始终考虑你的最佳利益，而不是只想增加自己的收益。

一个好的财务规划师会评估你的财务资产，了解你的目标，并确保你的行动与目标一致。这样听起来好像很简单，是吧？但这其实是一门艺术，讲究着呢！

在寻找财务规划师时，你主要需要考虑以下 3 个因素。

1. 你是否需要财务规划师。如果你问财务规划师什么时候该找财务规划师，那他们多数会说：早该找了。因为他们想要尽早帮你打下财务基础，这样就不必聚焦于帮你改掉不良的财务习惯。

但是，至于你是否需要财务规划师，这是你个人的决定，要看你的收入、职业和资产。例如，如果你在学校学习的专业在毕业后能带来高额的收入，如医生，那你最好早点找财务规划师，以便打好基础，取得成功。

如果你已经快到退休的年纪，却从来没有找过任何财务顾问，那你要做的就更多了，不过最好先打电话咨询一下。

如果你的责任感很强，而且财务状况比较简单，那你也许并不需要财务顾问，毕竟你已经做了正确的事情。

有些财务顾问也是投资顾问。但是，我在第七章中提过，除非你有 25 万美元以上的可投资资金（是的，很多），那还是不要专门聘请财务顾问，以免增加费用（后面细讲）。投资低成本指数基金（见第七章）更划算。

如果你的财务生活变复杂了，或者你继承了一大笔遗产，那你可以考虑找这种掌握专业知识的财务顾问。

不过，如果需要，你也可以按小时向财务顾问付费。如果你需要一些建议，但是又付不起或者不需要一年的服务，这种方法是可行的。

另外，你个人的意愿也非常重要。你准备好跟这样一个人见面，把你最私人的信息和盘托出了吗？你愿不愿意把自己的银行账单、保险信息、退休信息等全部摊开在这人面前，任其随意调整？如果你觉得自己还没做好准备，那你可以在学完本书所有内容后重新考虑！

2. 财务顾问如何收费。财务顾问费可能会抵消你靠投资赚取的收益，所以，你要知道财务顾问如何收费，这对你很重要。他们的收费结构主要分为以下几类。

仅收取顾问费：此类财务顾问的服务费直接由客户（你）支付。你可以选择不同的支付方式，这是好事。例如，你可以选择按小时收费的顾问，支付一笔预付金（预先支付的服务费，一般每年几千美元），如果财务顾问为你买卖投资产品，那这笔钱可以按照其管理资产规模的一定比例收取，也可以作为固定费用收取。这完全要看你选的是什么样的顾问。

如果你选择的是按照资产管理规模收费的顾问，这个收费比例一般是资产管理规模的 1%，但也可以有所浮动，所以你也可以跟顾问协商降低费用。

此类顾问将某个公司的金融产品推荐给客户时不会从中收取佣金或其他款项。他们是我们所说的受托人，按照法律规定，他们必须把客户的利益放在第一位。

我的财务规划师是一位仅收取顾问费的顾问，我支付给她年度预付金，按月付款。

收费制：收费制财务顾问的收入一部分来自客户（你），一部分来自其他来源，如通过向你出售金融产品（即共同基金和保险）

收取佣金（所售产品成本的特定比例）。

跟仅收取顾问费的顾问一样的是，收费制顾问可能收取固定费用，也可能按小时收费，还可能按照为你管理的资产规模收取一定比例的资金。他们确实能够赚取佣金，但是他们的大部分收入来自客户直接支付的费用。据我了解，此类顾问多会收取1 000 ~ 1 500 美元的初始费用，为你制订财务计划，之后实施该计划的时候会额外再收取费用。

佣金制：佣金制财务顾问的费用并非由客户直接支付，而是来自佣金，只有将保险和共同基金等产品卖给你，顾问才能多赚钱。完成的交易越多，或者开设的账户越多，收入就更高。这类顾问可以是受托人，在道德上有义务出于你的最佳利益行事，但他们不必做受托人。我最不喜欢这种财务咨询方式，因为他们不大会出于你的最佳利益行事。

我再强调一下：如果你想聘请一位财务顾问，那最好选择注册财务规划师，并且是仅收取顾问费的注册财务规划师，因为他们接受不同的付费方式，而且也不会向你推销保险等产品。他们的主要作用是提供建议，而且他们是受托人，利益冲突更少。

我的父亲总是说："谁给吹笛人付钱，谁决定曲子。[①]"用现代方式来理解就是，谁给 DJ（打碟者）付钱，谁选择歌曲。所以，如果你选择仅收取顾问费的顾问，你给他们付钱，那他们就要听你的安排。他们有义务出于你的最佳利益行事，对吧？

[①] 英语俗语，"He who pays the piper determines the tune"。可以理解为"谁出钱，谁做主"。——译者注

当你需要财务顾问却付不起费用时该怎么办

以前，很多人都请不起财务顾问，但是现在已时过境迁，财务顾问不再专属于富人或高收入群体，不管起点如何，你总有办法获取财务建议。

我在第七章中就提过，很多时候，智能投顾可以代替真人，为你提供数字服务。

使用方法：填写问卷后，计算机算法会根据你的风险承受能力和目标为你创建一个投资组合。智能投顾是自动化运行，所以投资管理费较低。目前，很多智能投顾的费用为 0%（如果你的资产管理规模较小）~ 0.50%，是传统财务顾问平均费用的一半！

如果你的经济条件还不允许你聘请财务顾问，那你还能怎么办？你读了这本书，并且在努力追求财务完整性，你跟着我就好！这是一个非常好的开端。但是学无止境，你学得越多，你就越强大；你越强大，就越能做出更好的决定。我就是一个例子，大家能看出来我以前是一名教师吗？如果想了解更多详细信息，请参阅我在本章附录中的"我想进一步了解（示例）"。

在聘请财务顾问之前，你对财务的了解越多越好，这样你就可以积极参与决策过程，并充分关注自己的财务未来。

3. 性格是否契合。你要经常对这个人敞开心扉，如果有什么事，你可能会先告诉你的财务顾问，而不是其他人。你越能自在地与他们分享信息，你的财务规划体验就越好。

至少要面试 3 位财务顾问才能聘请，如果你从来没有跟财务顾问合作过，那更要如此。因为每个人的风格不同，如果你不多找几个人谈谈，你就无从对比。

要想找到适合你的财务顾问，你可以准备一个详细的自我介绍，并与你选的几位候选人分享。你可以参考我在附录中分享的"我的财务生活模板"，借此来让候选人了解你的财务状况和需求。

我在寻找财务顾问时跟很多人做了这样的介绍，好吧，其实有 20 人，我面试了 20 位不同的财务顾问！听起来很多，那是因为我很重视自己的钱，你也应该重视！他们中的一些肯定是被我吓跑了！我非常确定自己想要什么。但鉴于之前我跟其他顾问有过不愉快的经历，所以我在跟人开始合作前一定要确保我能信任他们。

你的任务：根据你的收入、经济承受能力和当前的财务目标确定自己是否需要一位财务顾问。确定你想选择哪种财务顾问。我推荐注册财务规划师或智能投顾。

如果你决定找真人顾问，请填写附录中的"我的财务生活模板"并分享给你的候选人。不要忘了提前询问他们的费用结构，最好选择仅收取顾问费的顾问。让你的家人和朋友推荐，加入"追梦人"等论坛来寻找顾问，你也可以通过工具包中列出的网站来进行搜索。

你其实也可以寻找专门为你这种职业和个人生活状况的客户提供服务的财务顾问。例如，有些顾问专门为教师、离婚女性、单身人士和其他特定类型的客户服务。另外，你还可以通过仅收取顾问费的顾问网络寻找，例如，美国个人理财顾问协会（NAPFA）或 XY 规划师网络，在这些网络上面，你可以根据自己的需求、位置和其他偏好来进行搜索。

记住，多面试几个候选人，找到最合适的人选，确保他们已在美国金融业监管局官网注册并且信誉良好。

预算天后建议：有时候，一位财务顾问适合你，也可能是因为一些令人意想不到的细枝末节或你们之间的共同之处。例如，我是尼日利亚移民的孩子，而我的注册财务规划师安贾利也是移民的孩子，不过她的家人来自印度。当时我告诉她，我还清了父母的房贷，并且每月给父母寄钱，她并没有感到意外，说什么"啊，天哪，蒂芙妮，你不用这么做的"之类的话。她理解我，因为在她的文化中，分担长辈尤其是父母的经济责任也再正常不过了。

当然，我选择她并不仅仅是因为这一点，更是因为我们两个很相似，有些东西我不用解释她就能明白，这对我来说很重要。

当你准备面试财务顾问候选人时，先想想自己生活中有哪些特别的情况，那些你希望别人能够理解的情况。

行动 3

考虑找一位注册会计师

会计师（最好是注册会计师）能帮你开展税务规划工作，并尽量帮你减轻税负。当然，他们也会帮你做纳税申报。

我第一次去见我的会计师卡洛斯时，他问了我很多问题，包括我是否有房子、公司、受扶养人以及是否结婚。当时，我单身，是一名幼儿园教师，租了一套公寓，所以我的回答都是"否"。结果他说："你知道吗，你根本不需要会计，你用网上报税软件就够了！"

如果你的税务情况更为复杂，或者一些因素导致你的纳税申报比较复杂，那你真的需要会计师。否则就没有必要，不然等于花钱让别人帮你做报税软件就可以做的事情！你自己做可能花不了多少钱，但是如果你让别人帮你做，那他们即便只是输入数据也会收更高的费用。

如果你的纳税申报情况确实很复杂，例如你自己有一家或多家公司，或者有多处房产，那你可以考虑聘请一位注册会计师，并考虑他们的：

- 专业：如果你的工作属于专门领域或者你需要一些针对性的税务指导，那你就要找具备此类专业知识的人。例如，卡洛斯就针对中小企业主提供服务。
- 身份识别状态：如果注册会计师做报税工作，那他会有一个报税人税收识别号（PTIN），你可以到美国国税局的报税人办公室名册中查询，确保你选定的注册会计师已注册。
- 服务：询问他们提供的服务，看看是否符合你的需求。你只是想让他们帮你报税并帮你减轻税负吗？还是说你也想让他们全年为你提供指导？以我为例，卡洛斯会帮我和公司报税，并且会跟我的注册财务规划师安贾利、我公司的首席财务官肖塔、我的商业律师托妮和阿林兹会面，为我和我的公司确定最佳税务策略。
- 费用：对于纳税申报，注册会计师往往按小时收费或者收取固定费用，但是你要提前了解费用。

行动 4

找一位遗产规划律师

遗产规划律师能帮助你准备一些必要的法律文书，如遗嘱、预先医疗指示、授权书、信托等。

这种律师非常重要，能在你身故后帮你照顾你的亲人，并且在你丧失行为能力后照顾你。

如果你的家人去世，遗产规划律师还能帮你处理遗产税、收入保全、资产保护和家庭保全（让孩子留在家里，与家人待在一起）等事务，或者处理剥夺家庭成员继承权的事情（唉，这种情况确实会发生的）。

如果你想找遗产规划律师，你要考虑以下几个重要因素。

1. 声誉。寻找此类专业人士时，一定要找口碑好的。但是，人们总是不知道遗产规划律师的水平到底怎么样，因为等需要的时候他们往往不在了。也就是说，在世的人才能判断律师在遗产规划方面是否熟练，是否专业。不过，如果别人跟遗产规划律师合作过，他们就知道律师的经验水平和收费情况。如果你身边没有认识遗产规划律师的人，那就去社交媒体上找。你可以先去相关群组和论坛中发帖，请别人推荐。

2. 律师解决你问题的能力。如果你需要创建信托，那你需要的是有创建信托经验的律师。遗嘱也是如此。授权书或预先医疗指示可能简单一些，但还是要找有相关经验的律师。你还要确保他们是正规的遗产规划律师，而不仅仅是普通律师。你要了解他们在遗产规划领域的工作年限，并询问他们是否有专门的遗产规划资格证。

3. 成本。针对不同的需求和居住地，遗产规划律师的费用可能大不相同。记得提前询问费用。

如果你选定了几名候选人，那还可以去你所在地区的律师协会的网站上查询一下，做些审查。律师协会网站上会列出持照律师的姓名及其执业生涯中的不良记录（如有）。

你的任务：阅读遗产规划章节（第十一章），确定自己是否需要去找一位遗产规划律师。如果需要，那就找你认识的人推荐，并根据上文列出的几个因素审查候选人。

预算天后建议：如果你需要遗产规划文书，但没有钱聘请律师，你可以考虑一些网上的解决方案。我在工具包中列出了一些比较受欢迎并且评价很好的选择。

行动 5

考虑找一位保险经纪人

保险代理人为保险公司工作，你自然可以找他们购买保险。但保险经纪人就不同了，他们不为任何一家公司工作，他们可以帮你审核保险方案，并帮你选购最适合你的保险，包括租客险、寿险和宠物险等。保险经纪人和保险代理人的主要区别在于他们代表的是谁。保险经纪人代表的是你，而保险代理人代表的是一家或多家保险公司。

同样地，要想找到好的保险经纪人，你也可以找别人推荐。你要找那些全面了解保单细枝末节并确保你充分投保的经纪人。前面我已经提过，人脉广泛的注册财务规划师也能为你推荐人选，如果你已经有了注册财务规划师，那你就遥遥领先了！

我之所以让大家选择别人推荐的保险经纪人，还有一个原因是他们可能是客户和所代表公司的受托人，也就是说，他们不仅要考虑你的最佳利益，还要考虑自己所售保险产品的公司的利益。如果你找的经纪人是可靠的人推荐的，他们表示与这位经纪人合作很愉快，那你可以更安心一些，毕竟不算两眼一抹黑！

在美国，保险代理人或经纪人必须要持有执照才能向公众销售保险。不管你住在哪里，你都能查到某个保险专业人员的执照号码和状态，确保他们持有执照并且没有到期。找到几位合格的候选人后，你就可以面试他们，并询问你感兴趣的问题，例如，他们能够提供什么样的保险方案，如何续保，如何收费，是否收取佣金以及如何申请。如果是我，我还想问问买完不同保险如何设置自动交费，以及隔多久重新评估保险覆盖范围（已在第八章介绍）。

千万别学我（以前的我）

这一章对我来说非常重要。过去，我识人不明，损失了数千美元。大家还记得前言中的小偷杰克吧？但是现在，我的财务团队中有5名成员，不仅有我在本章中提到的人员，还有一名记账员和一名律师，他们都非常优秀。因此，我的财务状况和生活都越来越好了。

非洲有这样一句谚语："一人走，走得快；一起走，走得远。"我想走得远，我也想让你们走得远。

你的任务：重温第八章，确定你的具体保险需求，包括医疗险、寿险、伤残险以及财产与意外伤害险（房屋险和车险）。你觉得自己的保险覆盖范围足够吗？你觉得自己在保险这块需要专业帮助吗？如果是，那你可以考虑聘请一名保险经纪人。如果你没有注册财务规划师帮你推荐，那你就利用自己的网络找几位候选人，然后面试，并上谷歌搜索你所在地区的保险经纪人和执照查询工具。

预算天后建议：真人保险经纪人很好，但"数字保险经纪人"也不错，能帮你对比保险单，我在工具包中列出了一些供你们参考。

回顾

在走向财务完整的道路上，你要重视财务团队的作用。要尽快实现目标，你需要支持、专业指导和建议。你赚得越多或想赚得越多，你需要的帮助也就越多。

如果你提前做些研究和尽职调查，那你就能打造更好的团队。如果选错人员，那后患无穷，轻则心烦意乱，重则鸡飞蛋打。所以，一定要自己做研究，不然有可能要重新找人，或者付出惨痛代价，到时候可不仅仅是一点小麻烦了。

现在，我觉得自己像个骄傲的母亲！**你的财务系统完整性已经达到了90％！** 别自己偷偷藏着了，去社交媒体上广而告之，让你认识的人都知道，再有10%，你就实现100%的财务系统完整性了。如果他们问什么是财务系统完整性（他们肯定会问的），那你放心大胆地去跟他们解释吧，但别忘了提一下预算天后！

第十一章

遗产规划

目标
打造100%完整的财务系统

在这本书中，我们讨论了很多关于保护自己的内容。那现在我们要讲最后一部分了，即如何为自己和所爱的人提供终极保护。是的，我们要讲的就是制定遗产规划。

听到"遗产规划"这个词，人们的常见反应一般分为两种。一些人认真思考之后会感到有些害怕，另一些人会想，我连"房产"①都没有，又何来规划一说呢？

我们先来看第一种反应。遗产规划其实就是一个计划，用于决定你身故或失去行为能力后如何安置你自己、你的房产、受扶养人和资产。虽然我也不想这么说，但总有一天，我们都会离开人世。既然是一定会发生的事，那我们何不提前做好准备呢，以免到时我们的爱人落得人财两空。

至于第二种反应，我们这里所说的"产"，并不是指占地多少

---

① 遗产规划（estate planning）中的"estate"一词也有"房产"之义，此处作者的意思是有些人根本不知道"estate planning"是指遗产规划，误以为是"房产规划"。——译者注

平方米的地产，而仅仅是指你的资产，即你计算自己的资产净值时确定的那些资产，包括储蓄账户里的资金、衣服、珠宝、房子、汽车，等等。但是，在规划遗产时，你还要考虑数字财产、商业利益以及你想持续捐助的慈善机构。

这样解释之后，大家明白遗产规划的必要性了吧？很好，那我们就来看看如何做好遗产规划。

预算天后智囊团

托妮·摩尔（Toni Moore），作为一名律师，她非常了不起，在本章中，她会给我们分享一些关于遗产规划的重磅内情。托妮还获得了税务领域的法学硕士学位她还是一位商业策略师，在企业架构、资产保护和遗产规划领域有超过 20 年的经验。放心吧，她一定能帮到我们的！

计划

确定并创建遗产规划的各部分，签字生效并转入资金

你在一生中创造了很多东西，等到有一天要确定这些东西的去向时，谁来做决定呢？你想让那些不尊重你意愿的人（或机构）来做决定吗？不想吧。因此，这个人只能是你，你要决定如何处置你的东西和你创造的一切。学完本章中的行动后，你就要做决定了。记住，你不仅要掌控自己的生活，还要决定如何处置自己的遗产。

大家可能觉得遗产规划是个大工程，根本不知道从何下手。我有一个办法，大家可以将它看作一个 5 年的人生计划。为什么是 5 年呢？因为你不知道二三十年后的生活会是什么样子，但 5 年后的生活还是可以想象的，也是能加以保护的。不过不用担心，5 年后大家都会好好的，我也会的！你应该每隔 5 年重新评估和更新自己的遗产规划，根据新的生活状态和未来几年的生活状况加以调整。

你的 5 年计划中可能有一些目标：买房、结婚、搬到另一个城市或国家。很多人会为这样的希望和梦想制作愿望板，以期最终拥有梦寐以求的房子或者定居某处。他们把愿望板放在自己每天都能看到的地方，时常提醒自己，努力将梦想转化为现实。而遗产规划就是一种保障，如果你身故，它能确保你愿望板上一部分目标仍能实现。考虑一下：你想给你的孩子留下些什么？谁来承担你的债务？你会给你的配偶或伴侣留下些什么？如果你先离世，你的父母要怎么办？你走后你的狗要跟谁一起生活呢？

现在大家明白 5 年计划的重要性了吧？如果你有孩子，你制订了一个 20 ~ 30 年的计划，想着到时候孩子就是成年人了。但很有可能，当遗产规划生效时，他们仍然是未成年人。

我之所以让大家做这个 5 年计划，是想让你们清楚了解自己生活中所有值得保护的东西。在我们学习本章的行动时，大家一定要牢记这些东西，因为制定遗产规划其实就是爱的表达！

制定遗产规划的成本

很多人不愿去制定遗产规划，因为他们听说这要花很多钱。是的，确实要花点钱，但是具体多少钱取决于很多因素，包括你的总资产水平和遗产复杂程度，你所在的地区也是一个影响因素。

　　不管你是找律师还是通过线上服务制定遗产规划，你要支付的可能是资产特定比例的费用或固定费用。如果按资产比例收费，比例一般为 2.5% ~ 5%，但固定费用没有标准；如果你使用线上工具、自助工具或找正规的法律顾问，那费用便各不相同。关于如何寻找律师，请见第十章。

行动

以下是本章中的 7 项行动。

第一，填写或检查受益人表格。

第二，考虑未成年子女和 / 或有特殊需要家庭成员的监护。

第三，写一份遗嘱。

第四，确定预先指示——生前预嘱和持续授权书。

第五，考虑并写下自己的长期护理计划。

第六，建立生前信托。

第七，签字生效并转入资金。

　　你不用一下子把这些都做完，我建议每 3 ~ 6 个月完成一项。但是，如果你有孩子，那你一定要为未成年子女制订好监护计划。另外，如果你与伴侣没有结婚，但是你们之间的关系非常牢固，你愿意让你的伴侣为你做决定，那我强烈建议你提前确定预先医疗指示，这样，如果你有一天失去自主决定能力，你的伴侣就能够合法地替你决策。

行动 1

填写或检查受益人表格

这是制定遗产规划中最重要也最简单的一步，所以是一个非常好的开端！这就像是去游泳的时候，先伸进去一个脚趾头试水，我知道你们肯定能做到的！

我在第七章和第八章中已经讲过受益人，不过我们再来复习一下：如果你离世，能够获得你寿险保单或信托中全部或部分资金的人就是受益人。如果你已经知悉这一点，但是还没有指定或更新你的受益人，那我猜你肯定一直说，行行行，等等再处理。

如果你在等合适的时机，那你等到了，现在正是时候！你正式指定谁做受益人其实比你在遗嘱中写了什么更重要。例如，如果你将前任列为受益人，再婚后却没有变更，并将现任配偶也指定为同一账户的受益人，那最终的遗嘱会倾向于你的前任！这就太惨了吧！

你的任务：指定和 / 或检查所有相关账户的受益人，确保人选都没问题！接下来，我们看看哪些账户可能需要指定受益人（也许你已经指定了），以及如何查看或更改现有信息。

第一，银行账户 / 高息储蓄账户。有受益人的银行账户叫作"死后即付账户"（银行说得可真直白啊）。如果你的账户所在的银行有实体分行，你想查看、更改或添加受益人的话，可以致电或访问当地分行，也可以线上处理；如果你的账户是在线账户，你在登录后应该可以找到管理受益人的链接。

> 第二，员工福利账户。与人力资源专员当面沟通，了解你福利计划的具体情况，并要求添加或更新受益人。
>
> 第二，寿险。与你的保险代理人沟通或直接联系保险公司，询问如何添加或修改受益人。
>
> **预算天后建议**：托妮提醒说："如果你是工会成员，那工会可能会在你身故后提供一笔现金津贴给你的受益人。养老金和带薪休假等相关福利账户可能都需要指定受益人。你要查看一下所有这些福利计划，确保已更新受益人。"

行动 2

考虑未成年子女和／或有特殊需要家庭成员的监护

如果你有未满 18 岁的孩子，那你最好制订一个监护计划。如果你遭遇不测，你指定的监护人能够合法地照顾你的孩子。监护人能够送你的孩子入学，为他们做医疗和法律决定，等等。

我知道，离开孩子的想法很可怕，正因为如此，你才要好好挑选监护人。监护人要爱护你的孩子，为孩子提供吃住并以他们的价值观和信仰抚养孩子，所以你要考虑的因素有很多。

如果你的家庭成员有特殊需要，而你是他们的主要监护人，那你同样也要考虑他们。如果你遭遇不测，谁来照顾他们呢？谁帮他们用药或护理，谁带他们去看医生呢？

确定潜在的监护人后，一定要跟他们谈一谈。很多人可能觉得这很荣幸，也有一些人会说："我很喜欢你的孩子，但是我恐怕无法担此重任。"

显然，这也是你需要考虑的因素，然后才能做相应的调整。

你的任务：确定你想指定的监护人并与他们沟通，确保他们愿意做监护人。你要在遗嘱中正式指定监护人，并且最好让律师起草遗嘱（遗嘱相关内容，见下一项行动）。我之所以将监护人这点单列出来，是因为这可能是你遗嘱中最重要的一点，所以最好先把这点确定下来，然后再继续订立遗嘱的其他部分。不管你选谁，一定要做好沟通，确保对方愿意承担这样的责任。

预算天后建议：托妮提醒说："如果你没有为未成年子女制订监护计划，那如果你身故，法院就会为他们指定监护人。你肯定不想让法庭决定孩子的命运吧。"

如果你与配偶分居和/或拥有孩子（们）的单独监护权，那你更要制订好监护计划。托妮的建议是："如果你身故，另一位家长（你的前任）便被认定为孩子的实际监护人，只需出示出生证明就可以获得监护权。如果还有一个待法院判决的针对另一位家长的隔离令，那他/她获得监护权肯定是大问题。如果你的孩子在未满18岁之前获赠金钱，你更要确定好监护人。如果这个未成年孩子没有监护人，那么父母中还健在的一方、第三人或者金融机构就会被指定为孩子的共同监护人。如果法院介入，你还要考虑各种行政结果和限制。"

行动 3

写一份遗嘱

遗嘱，即临终遗言，是在你离世后代表你意愿的文件。它就像是来世的你，在法庭上代表你，为你的遗产继承人作证。

一份遗嘱中可能包括很多内容，但最重要的是你的财产分配和未成年子女的监护权（上一项行动中已经考虑好监护权了）。

但我还要再强调一下：如果你有孩子，一定要尽快拟定遗嘱，简单的也可以。

你还可以在遗嘱中指定一个管理你事务的人，即遗嘱执行人，此人可以是你未成年子女的受托人，也可以决定如何处置你的资产或负债。

遗产规划必要术语

第一，遗嘱执行人。在你离世后，遗嘱执行人就是你的代表。他们的工作就是处理你的遗产，包括偿还债务、处理税务并将剩余资金分给遗嘱里指定的受益人。遗嘱执行人很重要，一定要慎重选择。

第二，受托人。受托人是你信托资产的合法所有者（后文详细介绍信托），负责管理信托中的所有资产、信托的纳税申报并按照你的意愿分配信托资产。作为受托人，他们仅能将信托中的资产用在受益人身上。

如果你在第九章已经梳理了自己的资产和负债，那你手中已经有了资产净值表。我们来回顾一下。你的资产可能包括：

- 房地产。
- 投资：股票、债券等。
- 应付资产：寿险、退休福利等。
- 汽车、珠宝。
- 知识产权：版权、商标、专利等。
- 版税。
- 税收递延收入。
- 生意。

你的负债可能包括：

- 银行贷款。
- 学生贷款。
- 汽车贷款。
- 抵押贷款和房屋净值贷款。
- 信用卡债务。
- 所得税债务。
- 未付账单：医院账单、个人贷款等。

一般来说，你的资产需要先用于偿还债务，剩余部分才能分给继承人。但也有例外情况——你可以将资产转移给受益人，这样债权人就无法追索，但是你要遵照各地的具体要求，并在律师的协助下开展。

你的任务：如果预算允许，最好找律师订立遗嘱。你可以利用网上资源立一份基本的遗嘱，可参考工具包中列出的资源。但是，如果你的状况较为复杂，网上这种自助模版就不适用。例如，如果你要考虑遗产税、收入保全、资产保护、家庭保全、剥夺家庭成员继承权以及其他具体财务或家庭状况，那你最好跟律师讨论一下。

预算天后建议：托妮分享了一个有用的两步走策略，可以帮你订立遗嘱。既然大家觉得订立遗嘱是个艰难的大项目，那我强烈建议大家使用这个策略。

第一步，确定你在遗产规划过程中要考虑的人。包括你的亲人，你要把自己的遗产赠予他们中的谁呢？也许是你的配偶、孩子、表亲、姐妹、兄弟、父母。

如果你没有非常亲的亲人，那你就需要考虑大家族成员或者日常生活中像家人一样的人（包括大家族成员）。托妮说："如果你不确定将遗产赠予哪些家庭成员，那放心吧，会有家族成员主动来找你的！"不知道从哪里来的表亲可能会突然冒出来，对你说："嘿，我听说有钱拿啊！"

如果你拥有一家企业，你还需要考虑你身故后由谁来履行你的职责。你要让你的商业伙伴继承你的客户吗？你的离世会导致你们之间的约定失效吗？

一般来说，你最好想清楚自己曾经做过的承诺。托妮的建议是，你要仔细地回想一下：你是否曾经口头承诺一位表亲要一直资助他？你好朋友的孩子经常来家里帮忙，你是否愿意留给他们一笔感谢金？你是否曾经承诺为某人做某事？现在，你要考虑一下自己是否愿意以及如何履行这些过去说的话和做的承诺。你的决定会影响你给人们留下的印象。

最后，你还要考虑你的慈善受益方，例如，你每天或每月捐赠 10 美元的人或你定期捐款的教堂。你想要在自己身故后继续捐款吗？托妮说，多数人在制定遗产规划时都会忘记这些方面，"但你不会（是的，她说的就是你），因为你现在已经把这些方面考虑进去了"。

第二步，确定你的财产。托妮发现，多数人对自己的财产都没有充分的认识。当被问到自己有什么财产时，人们往往会说，哎呀，我什么都没有。但是我们详细地面谈之后，就会发现他们确实是有些财产的。

财产包括：

- 有现金价值的保险单。
- 股票或债券收益。
- 共同基金。
- 存款单。
- 专利产品（专属于你的想法或物品，如专利、商标、版权）。

前车之鉴：没有遗嘱的后果

如果你未婚，但有伴侣，你想在自己离世后把所有（部分）东西留给伴侣，那你一定要立一份遗嘱。因为你不知道如果自己不在了，你的家人是否会承认你们这种非正式（非法定）关系。托妮见过类似的例子，所以知道，没有人能保证会发生什么。

托妮回忆道："我记得一对没有结婚的同性恋人，其中一人去世后，他的家人将他的伴侣赶出了两人一起住的房子。他没有遗嘱，所以不管是在法律上还是在其家人看来，他的伴侣都只是男友，而不是终身伴侣。"

"从法律上讲，未婚妻同样也无名无分。我最近了解到，一名男子还没有跟未婚妻正式结婚就去世了。他的家人突然冲过来，拒绝他的未婚妻继承任何遗产。他们甚至还要走了他的手机和密码，并禁止她在社交媒体上发布关于他的消息。他们两个曾经住在一起，共度了充实的生活，而如今，她似乎连为他悲伤的资格都没有。"

但是，如果你提前制定遗嘱，你就能避免这样的困境！

行动 4

确定预先指示——生前预嘱和持续授权书

预先指示是提前确定的关于自己的医疗护理指示，仅在你无法表达自己想要接受哪种护理时使用。我主要介绍两类预先指示：生前预嘱和持续授权书。

1. 生前预嘱。与遗嘱不同的是，生前预嘱适用于你在世但是由于晚期疾病或重伤导致永久性无意识的情况。如果发生上述任一种情况，这份生前预嘱能够说明你想要接受哪种医疗护理，包括是否需要生命支持治疗、止痛药、抢救、插管、饲管以及去世后是否要捐赠器官和 / 或组织。

我知道，这些情况让人感到害怕，你会觉得自己比想象中更脆弱、更易受伤害，但是，即便到这种境地，我们应该还是想要自己做决定。

可是，如果你不提前把这些事情说清楚，你的爱人就可能要为你做这些艰难的决定，或者负责治疗你的医生不得不做决定，因为他们有法律义务去尽全力抢救你，但你可能并不想接受那么多的医疗干预。

你还可以在生前预嘱中指定一名代理人，保证你的意愿得到尊重。这个人很重要，因为你真的是把自己的生命交到此人手里了。另外，有些地区要求签署医疗授权书后才能指定此类代理人，而医疗授权书就相当于持续授权书。

2. 持续授权书。在你因医疗原因无法自主行动时，授权书能够授予他人代你做法律、医疗和财务决定的权利。持续授权书是一种特殊的授权书，如果你情况恶化，丧失行为能力，你指定的人员能继续拥有代你决策的能力，所以叫作"持续"授权书，这样在你生病、无法自主的情况下，你指定的人能持续拥有这份权利。

这种授权书虽然名为"持续"，但签署持续授权书并不代表永久放弃权利，只是在特殊情况下暂时性授权而已（有点费解，是吧）。如果你恢复健康，有能力处理自己的事务，那授权书就无效了。例如，你在持续授权书中指定你的哥哥在你丧失行为能力时代你行使权利。假设你不幸遭遇车祸，昏迷数周，那在此期间，你的哥哥有权代你做决定。但是你恢复意识并且头脑清醒后，就可以自己做决定了。

在很多时候，人们往往指定同一人为自己做医疗决定和管理自己的财务（如丧失行为能力），但这也不是绝对的——在某些情况下，分别指定两个人也许更好。

例如，如果你晚年再婚，你可以让成年子女或直系亲属为你做医疗决定，但可以在持续授权书中指定你的配偶为代理人，反之亦可。如果你的配偶对财务一窍不通，那你肯定不能让他／她掌管你的财务。

现在，静下来想一想，如果你把这些责任明确地分配好，那万一你遭遇不测，这对于你身边的人来说将是莫大的安慰！因为到那时，他们已经感到十分慌乱和痛苦，不能再雪上加霜了！

企业主注意了

如果你拥有一家企业，你还需要在商业授权书中指定一名代理人。也就是说，如果你无法经营企业，谁能代表你行事？一般来说，你的家人、朋友或爱人都不具备经营企业的能力，所以你要考虑其他有这种能力的人！

你的任务：想要真正地成为一名大人吗？那就订立生前预嘱和持续授权书，并分别指定代理人（可能是家族成员），确保你的愿望得以履行。指定此类代理人之前，一定要先跟他们沟通一下。你可以找律师拟定生前预嘱和持续授权书，我在工具包中也列出了一些可靠的网上资源。

预算天后建议：托妮说："我明白，人们在情感上很难接受，不想去考虑自己丧失行为能力或生命垂危的可能性。但是，相信我吧，你一定要在自己身心健康时正式做好这些决定，不要让别人猜你想要什么。如果你强烈反对用机器维持生命，那就让别人知道，如果你反对抢救，那也要告诉别人。"

至于持续授权书，托妮建议你跟银行或其他金融机构确认一下，看他们接受什么语言和格式的授权书。她说："代理人要代你行事，基本上就相当于是你了，所以这些机构不会随便接受任何形式的非正式文件。大家要问银行，我要提供什么样的持续授权书？我已经草拟的这份可以吗？你们可以提供一份模板吗？提前与银行核实好，这样如果你指定的人员需要代你处理银行业务，就能省去很多延误或麻烦。提前准备好文件能够让他们稍微轻松一些。"

行动 5

考虑并写下自己的长期护理计划

要做好遗产规划，你还要明确自己的长期护理要求。还记得吗，我在本章开头建议大家制订 5 年计划，那这项行动就是去展望更遥远的未来。

长期护理要求是指当你需要别人协助吃饭、洗澡和穿衣等日常活动时，你想要别人提供怎样的照护。大多数人一般到晚年才需要长期护理，但是有些人的需求可能出现得更早。不管早晚，你都要考虑清楚自己想接受什么样的护理。

例如，你是否想尽可能住在家里并接受家庭护理，包括让护士、护工、物理治疗师和职业治疗师等上门检查和治疗？或者说，你更想住在可以立即获得护理、能接触到其他住户并且更有社区氛围的养老机构？

人们总习惯说："管它呢，我等到时候再决定。"但是，最好在自己身心健康的时候考虑清楚这些事，这样，你在遭受严重残疾、患病或者年迈时就不用再操心了。

大家还记得旺达吗？她是 70 岁的我。当我考虑长期护理时，我想到的是旺达，我不想让她去做这些选择，而是想帮她制订好计划，让她静享晚年。

当然，未来的你可能跟现在的你不太一样，想要的东西也可能不尽相同。但是，了解长期护理的整体情况并至少制定一个初步方案总是有好处的。

要准备长期护理的费用，你可以考虑这两种方法。

1. 长期护理保险。此类护理保险非常昂贵，而且没有固定费率保单，也就是说，保单的价格随时可能上涨。一些单身人士或没有孩子的夫妇担心晚年没有保障，所以尽管价格高昂，仍然决定投保。

2. 自我保险。这并不是保单那种保险，而是将长期护理的预期成本纳入自己的财务规划。这样，如果你需要此类护理，你就可以使用专门预留的资金。

你的任务：如果你的年纪超过 40 岁，你就要开始考虑自己的长期医疗护理计划。如果你的年纪超过 50 岁，你可以在保险代理人和律师的帮助下选择最适合自己的长期护理计划和方案。

预算天后建议：托妮说："很多人在护理机构能住 5 年之久，所以最好制订一个长期护理计划。你要确定自己的需求，也许你不想去护理机构，而是想住在家里，让护理公司派人上门帮忙，或者你想找一位居家护理助手。"

大家一定要做好准备，花些钱让这些需求变成现实——那这就用到退休投资技能了！我知道大家已经在练习使用这些技能了，要回顾这部分内容，请见第七章。

行动 6

建立生前信托

这项行动并不适合所有人，但是想一想没什么坏处！

遗嘱和信托都是关于处理财产的法律文书，但二者的生效时间不同。

遗嘱在你去世后生效，其中列出了你的愿望和对身后事的安排。你可以指定一名遗嘱执行人来按照你的意愿处置你的财产。

信托写好后便立即生效，并且获得联邦税号，还有存储信托资产的银行账户／金融账户。也就是说，虽然你仍然在世，但是你的财产也能被分配，不一定要等到你去世时或去世后。你在世时可以掌管自己的信托，成为自己的受托人。

如果你的资产有 10 万美元，那便可以设立信托，这算是一个最低限额，值得花时间、精力和金钱去设立信托。如果你的资产总额在 50 万美元或以上，那你一定要设立信托！原因有好几个，但最重要的是，有了信托后，你的继承人就不用走遗产认证程序了。

遗产认证是指法院监督你遗嘱的执行。如果你指定了受益人，那遗产认证程序可以确保你的意愿得到尊重，受益人会得到你分配的遗产。如果你在世时未指定受益人，那做遗产认证时，法庭可能会变成付费点播的拳击场，人人都在争抢遗产。

但是，即便你已经确定了受益人，将财产转移给继承人的过程（遗产认证）可能还是会很漫长且成本高昂，资产规模较大时尤甚。遗产认证程序是公开的，因为你去世后，你的遗嘱就会变成公开记录。但是就信托而言，只有受托人和受益人知道你的资产总额。信托就像是一辆装甲车，车窗贴有保护的黑膜，能够确保你的意愿得到顺利执行。

信托主要分为两类，即可撤销信托和不可撤销信托。可撤销信托是最常见的信托，顾名思义，这种信托是指你在有生之年可以改变的信托。你可以做各类变更，例如出售财产，并将该项财产从信托资产列表中删除。你不需要征求他人许可便可以更改，你的信托你做主。

不可撤销信托是指未经所有受益人（即被认定为信托财产受益人的各方）同意不能变更的信托，所以说，你在设立不可撤销信托之前一定要想清楚，因为受益人可能很难同意变更！

不可撤销信托更适合资产总额不低于 50 万美元的人，因为设立此类信托的费用非常高，其中往往包括律师费、房地产契约转让费，也许还有公司设立费。

你的任务：如果你已经完成附录中的资产净值表（见附表5），确定自己的资产超过 10 万美元，那你可以找一位律师（参考第十章），讨论自己是否应设立信托基金。

如果你打算设立信托基金，你可以先做准备，整理一些内容，例如：列出你的资产，包括股票、债券、房屋、寿险、贵重艺术品、珠宝、企业股权、注册商标等。写出资产继承人的姓名。

行动 7

签字生效并转入资金

不管是规划哪部分遗产,你都要做两件事:一是制定规划,二是执行规划。遗产规划在正式签署后才具有法律约束力,而这也正是我们接下来要讲的内容。

想一下,你真的只想留下一份草拟的遗嘱、信托计划、受益人名单或监护计划吗?这样的话,你会给爱人留下无尽的艰辛,他们要去请求法院在没有签名的情况下承认你的意愿,但法院需要的是签名,而不是请求。

所以,既然要做,那就索性做好,这样才算做好了遗产规划。

如果你想让遗产规划发挥作用，你就必须签字让它生效。正如托妮所说："不要拖着不办，一定要执行。我没有任何恶意，因为人类真的太脆弱了。"

回顾

不管年纪多大，制定遗产规划时都会让人感受到成年生活的痛苦。即便你已经买了房或生了孩子，做了很多成年人的事情，这仍然会让你感觉是另一阶段的成长。这甚至会激发我们内心都有的孩子气，赌气说，我就是不想做，然后就放下不管了。

但现在的你，做的正是成年人的事情：阅读本书、追求财务完整、提升自己、成为自己生活的主宰——你能做到，我相信你能做到。

祝贺你

哇，你知道吗，**你的财务系统完整性已经达到 100% 了！**

财务完整是指你财务生活的各个方面都协调一致，助你收获最好的结果、最大的利益和最富足的生活。

如果你已经读完本书，那表明你已经完成了实现财务完整性的

10 个步骤。

1. 编制预算。你已经制定了一份个人预算，并且已经实现部分自动化（如转账、储蓄、账单支付等）。你已经开设了必要的活期账户和储蓄账户来支持预算。

2. 积极储蓄。你已往在线储蓄账户中存入应急资金，可以支撑至少 3 个月的基本支出（面条预算）。

3. 摆脱债务。你现在要么没有债务，要么清楚地知道自己的债权方和负债情况，并且已经写下每笔债务的构成（所欠金额、利率、到期日等）。你已经制订并开始实施债务偿还计划（如雪球法），并使用银行的在线账单支付工具自动还（部分）款。

4. 提高信用分数。你在过去 12 个月内申请并收到了免费 FICO 评分报告，你的 FICO 评分为 740 分或更高，或者你已经知道了影响分数的因素，并制订了行动计划，以将分数提高到 740 分或更高。

5. 赚钱增收。你已经确定自己在工作中贡献的价值，并且相信可以借此要求加薪或升职。或者，你已经拥有多个收入来源，和 / 或知道如何将自己当前的技能和教育变现，以增加收入。你也制订了增加收入的行动计划。

6. 为退休和财富投资。你已经确定了自己的退休和财富目标。你可能已在人力资源代理、注册财务规划师、在线工具的帮助下创建并实施了投资计划。你坚持投资，并且已经学会尽量不一直盯着那些投资，让它们慢慢升值。你制订了明确的退休和财富投资计划。

7. 合理投保。你了解并计算了自己对医疗险、寿险、伤残险、财产与意外伤害险（如房屋险和车险）等保险的需求，确定自己的保险覆盖范围足够。

8. 增加资产净值。你知道如何计算自己的资产净值（资产减去负债）。你的资产净值为正和 / 或你知道如何实现、保持和增加正资产净值。你制定了资产净值目标，并确定了每月的具体行动，以实现该目标。

9. 打造专业财务团队。你找到并审查了财务专业人士和责任伙伴，组建了一个财务团队（包括注册财务规划师、保险经纪人、遗产规划律师或注册会计师等），让他们助你实现财务目标。

10. 遗产规划。你已确定并完成遗产规划中的相关部分（如遗嘱、信托、账户受益人等），已经签字生效并转入资金。这样，不管你的银行账户中有多少钱，你的资产组合中有什么（如投资、房产、股票、债券等），如果你身故，你会有遗产（如现金、房产、珠宝和其他资产等）处置计划。

我为你们感到骄傲。接下来，大家要继续前进！你在变化，你的财务和生活目标也会随之变化。在人生的不同阶段，你要不断重构自己的财务完整性，而这本书也将伴你左右。

最后一课是，奉献成就富足人生。被人帮助固然好，但用自己所得去帮助别人更好。付出你的时间、精力、资源和知识，去帮助那些不如你的人吧。努力与世界分享你的富足。主动付出善意，我们共同创造更美好的世界。

附录

精选资源

请通过工具包（访问 www.getgoodwithmoney.com）获取最新版本的资源和其他网站链接。

第一章　完整财务系统：收获富足人生

预算天后智囊团

卡拉·史蒂文斯。节俭女权主义者首席执行官和创始人，详见网址：www.thefrugalfeminista.com。

阿什·埃克桑特。MindRight 资产管理公司财富教练兼首席财务教育家，详见网址：www.IamAshCash.com。

第二章 编制预算

附表 1 资金明细表

每月实得收入（收入）				每月实得收入（收入）			
减去月度支出（支出）				减去削减后的月度支出（支出）			
初始储蓄金额				新储蓄金额			

收入（名称）	收入（金额）	支出（名称）	支出（金额）	削减后支出	账户名称（如账单）	类型（A/B/C）	到期日
	总额：		总额：	总额：			

附表 2 资金明细表示例（美元）

每月实得收入（收入）	4 150	每月实得收入（收入）	4 150
减去月度支出（支出）	4 960	减去削减后月度支出（支出）	3 955
初始储蓄金额	−810	新储蓄金额	195

收入（名称）	收入（金额）	支出（名称）	支出（金额）	削减后支出	账户名称（如账单）	类型（A/B/C）	到期日
工资	3 200	抵押贷款	2 600	2 200	账单	A 类	1 号
开快车	650	车贷	300	300	账单	A 类	28 号
网店	300	车险	235	200	账单	A 类	15 号
		联邦学生贷款	250	150	账单	A 类	5 号
		话费	150	100	账单	A 类	26 号
		网费	80	80	账单	A 类	28 号
		维萨信用卡	195	100	账单	A 类	16 号
		万事达卡	50	25	账单	A 类	无
		商店信用卡	75	75	账单	A 类	8 号
		生活杂费	200	200	账单	B 类	5 号
		油费	100	100	预存／支出	B 类	无
		食品杂货	100	100	预存／支出	C 类	无
		洗漱用品	100	100	预存／支出	C 类	无
		美容（理发、修眉、美甲）	75	50	预存／支出	C 类	无
		外出就餐（早／午／晚餐）	250	75	预存／支出	C 类	无
		娱乐	200	100	预存／支出	C 类	无
	总额：4 150		总额：4 960	总额：3 955			

第四章　　摆脱债务

附表 3　债务明细表

债务名称	债务总额（美元）	每月最低还款额（美元）	利率（%）	到期日	账单截止日期	状态

附表 4　债务明细表示例

债务名称	债务总额（美元）	每月最低还款额（美元）	利率（%）	到期日	账单截止日期	状态
抵押贷款	320 000	2 200	6	1 号	15 号	按时还款
车贷	22 000	300	6	28 号	30 号	按时还款
维萨信用卡	5 000	60	18.99	16 号	8 号	延迟一月
商店信用卡	650	75	24.75	8 号	1 号	按时还款
万事达卡	2 000	25	15	无	5 号	逾期未还
联邦学生贷款	35 000	150	5.5	5 号	每月最后一天	延期还款

重复做对的事

第五章　　提高信用分数

预算天后智囊团

娜蒂瓦·赫德。节俭女信用师、MNH 金融服务公司创始人、注册信用顾问和持证房地产经纪人，详见网址：www. thefrugalcreditnista.com。

三大信用机构

益博睿，详见网址：www.experian.com。

全联，详见网址：www.transunion.com。

爱克非，详见网址：www.equifax.com。

第六章　　赚钱增收

预算天后智囊团

桑迪·史密斯。个人财务专家和小企业策略师，详见网址：www.iamsandysmith.com。

第七章　　为退休和财富投资

预算天后智囊团

凯文·马修斯二世。Building Bread 投资公司创始人、财务规划师和作家，详见网址：www.buildingbread.com。

为财富投资

考特尼·理查森。常春藤投资公司创始人、律师、前股票经纪人和投资顾问，详见网址：www.theivyinvestor.com。

第八章　　合理投保

预算天后智囊团

安贾利·贾里瓦拉。FIT Advisors 咨询公司创始人、注册会计师、注册财务规划师，详见网址：www.fitadvisors.com。

第九章　　增加资产净值

附表 5　资产净值表

资产	价值		负债	余额
个人财产			债务	
储蓄和投资				
			总负债 =	
退休储蓄				
			总资产	
			减去总负债	
总资产 =			资产净值 =	

注：总资产减去总负债，得出的差额便是资产净值。

第十章　　打造专业财务团队

1. 我的财务生活模板。使用此模板创建自己的财务计划，并在与注册财务规划师面试之前分享给他们。

2. 我想要的是（示例）。我想用我的钱去追求我崇尚的价值，拥有美好的生活。我愿意按小时或每年支付咨询费来获取最佳方案。我需要有人协助我制订退休计划、大学贷款偿还计划以及我离世后需要特殊抚养孩子的计划。

3. 当前（财务）状况。

（1）年龄、婚姻状况、子女。

（2）工作。

（3）是否有房？是否租房？

（4）是否有车？贷款还完了吗？

（5）债务：学生贷款、信用卡，余额多少？现状如何？按时还款？已有拖欠？

（6）信用分数是多少？

（7）退休账户：是否有养老金、个人退休账户、401（k）账户、罗斯个人退休账户？账户里有多少钱？是否从中借款？哪家公司管理？

（8）是否有个股？投资了多少？用什么平台？

（9）其他投资：房地产？其他投资账户？价值多高？

（10）保险：是否有伤残险、宠物险、租客险、医疗险、定期寿险、终身寿险等？保额多高？哪家公司？你的工作提供医疗保险、伤残险、寿险吗？保额多高？你的配偶或孩子有保险吗？保额多高？

（11）你和家人每月的支出是多少？

（12）去年，你调整后的家庭总收入是多少？（查看纳税申报表）

（13）我目前的储蓄额是多少？

（14）我觉得自己：比较节俭？花钱太多？消费适度？

（15）是否有公司？什么公司？有限责任公司？独资公司？股份有限公司？你有商业伙伴吗？你持股多少？列出去年的总营业收入。

4. 当前财务目标（示例）。

第一，我想在未来十年内实现财务系统完整。

（1）没有债务。

（2）每年被动收入 7.5 万 ~ 10 万美元（股息和房产）。

（3）拥有至少一栋公寓楼（8 ~ 20 个单元）。

（4）税务管理计划。

（5）经常旅行。

（6）做慈善。

（7）完整的遗产规划。

（8）遗嘱。

（9）信托。

（10）医疗指示。

（11）指定受托人。

（12）确定受益人。

（13）保险（人寿、伤残等）。

（14）葬礼/临终安排。

（15）公司继任计划。

（16）文书保存。

第二，我需要一个退休账户并且最终自己管理。选择目标日期基金还是指数基金？如何分配资金？

第三，我还想要为财富投资。怎么做呢？

第四，我想保护自己的财富，那我需要什么类型的保险？

第五，我想投资房地产。

第六，我需要新的伤残险和寿险。

第七，我需要一个长期的医疗计划，为晚年做准备。

第八，我现在分别为女儿、侄女和侄子开设了储蓄账户并往账户中存钱。我想要更具战略性地储蓄。

第九，我想为我的员工提供福利，包括退休、医疗、伤残、产假、假期等相关福利。

第十，我想找人与我的首席财务官和会计师合作，为我制订最适合我家庭和公司的税务计划。

第十一，我想手头有钱买房产。

第十二，我想建立一个有效的系统，以便随时查看重要文件和账户。

第十三，我想找人协助我制订战略性的财务计划，可以追踪自己的财务状况，并根据财务状况和生活的变化调整计划。

第十四，我想找人评估我公司当前的福利计划。

5. 问题（示例）。

（1）你开线上会议吗？例如，我共享屏幕，我们一起调整我在在线经纪账户中的资产分配。

（2）你如何收费？你是否接受按小时收费？

（3）你的财务理念是什么？

（4）你的理想客户群是什么（教师、医生、女性等）？

6. 我想进一步了解（示例）。

（1）股票投资。

（2）FIRE 运动（财务独立，提前退休）。

（3）降低税负。

第十一章　　遗产规划

预算天后智囊团

托妮·摩尔律师和商业策略师，在企业架构、资产保护和遗产规划领域有超过 20 年的经验，详见网址：www.moorelegallaw.com。